FORSCHUNGSBERICHTE DES LANDES NORDRHEIN-WESTFALEN

Nr. 1591

Herausgegeben

im Auftrage des Ministerpräsidenten Dr. Franz Meyers

von Staatssekretär Professor Dr. h. c. Dr. E. h. Leo Brandt

Prof. Dr.-Ing. Wilhelm Patterson
Dozent Dr.-Ing. Siegfried Engler

Gießerei-Institut der Rhein.-Westf. Techn. Hochschule Aachen

Volumendefizit und Lunkerung bei der Erstarrung von Metallen

Springer Fachmedien Wiesbaden GmbH

Verlags-Nr. 011591

Ursprünglich erschienen bei Westdeutscher Verlag, Köln und Opladen 1966.

ISBN 978-3-663-06612-5 ISBN 978-3-663-07525-7 (eBook)
DOI 10.1007/978-3-663-07525-7

Inhalt

Das spezifische Volumen der gebräuchlichen Gußmetalle ist im flüssigen Zustand größer als im festen Zustand. Beim Erstarren und Abkühlen unterliegen diese Metalle daher einer Kontraktion. Dabei tritt ein Volumendefizit auf, das sich in Form von Fehlern wie Lunkern, Einfallstellen, Poren usw., äußert. Aus dem Wunsche nach Erkenntnis der Entstehungsgesetze dieser Fehler und ihrer Vermeidung im praktischen Betrieb erwächst das Ziel dieser Arbeit: Bei Vorgabe sämtlicher physikalischer und technologischer Bedingungen die Art, Größe und topographische Anordnung der möglichen Volumenfehler vorauszusagen und bewußt in eine bestimmte Richtung zu lenken.

I. Allgemeine Überlegungen

1. Temperaturabhängigkeit des spezifischen Volumens

Das spezifische Volumen der gebräuchlichen Gußmetalle nimmt im festen Zustand mit steigender Temperatur zu. Als Maß der Zunahme je 1° C Temperaturerhöhung definiert man den kubischen Ausdehnungskoeffizienten

$$\beta = \frac{1 \cdot \Delta V}{V_0 \, \Delta T}.$$

V_0 ist das Ausgangsvolumen, ΔV die Volumen- und ΔT die Temperaturänderung. Auch im flüssigen Zustand nimmt das spezifische Volumen stetig zu, allerdings liegen seine Zahlenwerte im flüssigen Zustand meist erheblich über denen des festen Zustandes, so daß sich beim Schmelzen eine unstetige Volumenzunahme ergibt. Charakteristisch für reine Metalle ist die in Abb. 1 dargestellte Temperaturabhängigkeit des spezifischen Volumens von Aluminium. Da besonders der Verlauf der Kurve in Richtung sinkender Temperatur für die Betrachtungen zum Volumendefizit interessiert, sollen die drei sich in dieser Richtung ergebenden Teilabschnitte der Kurve stets als »flüssige Schwindung«, »Erstarrungsschrumpfung« und »feste Schwindung« bezeichnet werden. Als allgemeiner Begriff soll das Wort »Kontraktion« verwendet werden. Die Summe der drei Kontraktionsbeträge ist das (theoretische) Gesamtvolumendefizit.

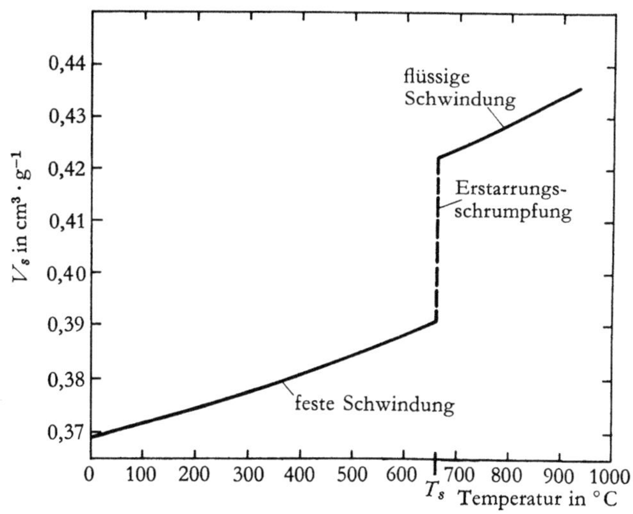

Abb. 1 Abhängigkeit des spezifischen Volumens V_s von Aluminium von der Temperatur [1, 2]

Für Aluminium beträgt die Erstarrungsschrumpfung 7,5%. Damit liegt Aluminium an der Spitze der Gebrauchsmetalle, deren Erstarrungsschrumpfungen im allgemeinen zwischen 2,5 und 4% betragen. Wismut, Gallium, Antimon und Silizium sind Ausnahmen, da sie sich beim Erstarren ausdehnen.

Bei Legierungen verlaufen die Kurven des spezifischen Volumens mit der Temperatur ähnlich denen der reinen Metalle. Die Erstarrungsschrumpfung vollzieht sich hier allerdings im Temperaturbereich zwischen Liquidus und Solidus. Eine wichtige Anomalie stellt grau erstarrtes Gußeisen dar, denn der ausscheidende Graphit bewirkt eine Volumenzunahme.

2. Arten von Volumenfehlern

Beim Erstarren und Abkühlen eines in eine Form gegossenen Metalls äußert sich die Kontraktion – sofern nicht nachgegossen oder nachgespeist wird – in einem Volumenfehlbetrag, der unterschiedliche Formen annehmen kann. Es kommt zur Bildung von Gußfehlern, die, da sie alle auf dieselbe physikalische Ursache zurückgeführt werden müssen, als »Volumenfehler« bezeichnet werden sollen.

J. Czikel [3] teilt die Erscheinungsformen des Volumendefizits in Anlehnung an den Sprachgebrauch der Praxis in zehn Klassen ein: Schwindung, Einfallstellen, Makro-Außenlunker, Makro-Innenlunker, Blaslunker, Oberflächenlunker, interdendritische Oberflächenlunker, Mittellinienlunker, Mikrolunker und Dichteunterschiede. In einer solchen Einteilung überschneiden sich notgedrungen geometrische Gesichtspunkte mit denen des Entstehungsmechanismus. So unterscheiden sich Makro-Außenlunker und Makro-Innenlunker nach ihrer Entstehung nur unwesentlich, werden auf Grund ihrer Lage jedoch in der Praxis ganz unterschiedlich bewertet. Ob Makrolunker oder aber Mikrolunker zu Mittellinienlunkern werden, hängt nur von der Gestalt des Gußstücks ab, während sie ihre Entstehung jeweils ganz verschiedenen Mechanismen verdanken. Mikrolunker, Dichteunterschiede und interdendritische Oberflächenlunker gehören dem Wesen nach in eine Gruppe: zwischen Mikrolunkern und Dichteunterschieden ist keine strenge Trennung möglich, und interdendritische Oberflächenlunker sind Mikrolunker, die einen Übergang zu den Einfallstellen bilden. Zwischenstellungen zwischen Makrolunkern und Einfallstellen nehmen Oberflächenlunker und Blaslunker ein.

Dichteunterschiede und äußere Schwindung werden in der Praxis meist nicht als Fehler im strengen Sinne angesprochen, obgleich sie im folgenden weiter als Volumenfehler geführt werden.

Eine wesentliche Aufgabe bei der Untersuchung von Volumenfehlern wird also in der *Definition* der Fehler bestehen. Solche Definitionen geben einerseits erst die Voraussetzungen zu Messungen; anderseits sollen sie so gehalten sein, daß für die Praxis verwertbare Aussagen gemacht werden können.

3. Entstehung von Volumenfehlern

Die Abnahme des spezifischen Volumens mit sinkender Temperatur ist die notwendige Voraussetzung für die Entstehung von Volumenfehlern. Zur Erklärung der Bildung der verschiedenen Arten von Volumenfehlern treten weitere Bedingungen hinzu, wie man an Hand der folgenden Überlegungen ableiten kann: Ein mit Schmelze von bestimmter und überall gleicher Temperatur gefülltes Gefäß (Abb. 2) sei von einem solchen Temperaturfeld umgeben, daß die Wärme nur in einer Richtung, und zwar nach unten, abfließen kann. Verläuft die Erstarrung ideal glattwandig, so wird der Flüssigkeitsspiegel zunächst nach Maßgabe der flüssigen Schwindung, dann entsprechend der Erstarrungsschrumpfung absinken, und schließlich wird die Oberfläche des festen Stückes entsprechend der festen Schwindung bis auf Raumtemperatur weiter sinken, während das Stück gleichzeitig seitlich schwindet. Das Volumendefizit, das sich aus der Differenz der spezifischen Volumina bei der Anfangs- und der Raumtemperatur ergibt, hat sich ausschließlich in Form einer bevorzugt oben angeordneten äußeren Schwindung ausgebildet. Man kann übrigens bei den hier angenommenen Bedingungen nicht mit einer exakten Erfassung der drei durch flüssige Schwindung, Erstarrungsschrumpfung und feste Schwindung verursachten Einzelbeträge des Volumendefizits rechnen, denn durch die Existenz eines Temperaturgradienten im abkühlenden Metall nach unten ist die Kontraktion an verschiedenen Punkten des Gußkörpers verschieden weit fortgeschritten, so daß sich alle drei Kontraktionsbeträge beim Absinken der Oberfläche zeitlich überlagern.

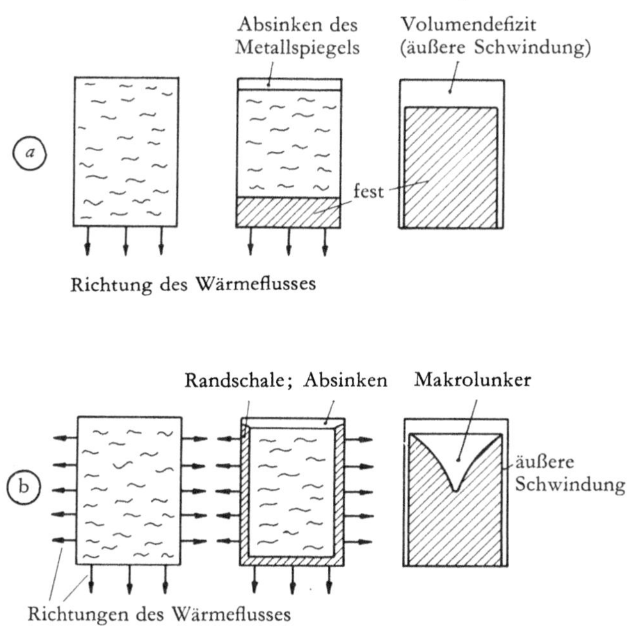

Abb. 2 Ausbildung des Volumendefizits bei unterschiedlichem Temperaturfeld
a) Wärmefluß nur nach unten. b) Wärmefluß nach unten und nach den Seiten

In einem zweiten Gedankengang sei wie oben angenommen, daß die Erstarrung glattwandig verläuft. Das Temperaturfeld sei nun so ausgebildet, daß Temperaturgradienten in den drei eingezeichneten Richtungen (Abb. 2b) bestehen. Nachdem die Oberfläche des flüssigen Metalls zunächst ein Stück abgesunken ist, wird sich beim Einsetzen der Erstarrung am Rand eine Schale bilden. Die Erstarrung wird nun weiter so verlaufen, daß die Randschale dicker wird und der Flüssigkeitsspiegel innerhalb dieser Schale absinkt. Das führt zur Entstehung eines Makrolunkers, dessen Form nach E. Scheil [4] berechnet werden kann. Die zum mathematischen Ansatz benötigten Voraussetzungen sind die gleichen wie die zum Ableiten dieser Überlegung angenommen.
Die Entstehung von Makrolunkern ist also an die Bildung einer festen Randschale geknüpft, die wieder ein entsprechendes Temperaturfeld voraussetzt. Der Makrolunker wird um so größer sein, je früher eine Randschale vorhanden ist. Da der Makrolunker im beschriebenen Falle Verbindung mit der Atmosphäre hat, ist er ein Außenlunker. Wenn das Temperaturfeld dagegen so beschaffen ist, daß sich eine allseitig geschlossene Schale bildet, entsteht ein Makro-Innenlunker.
Die feste Randschale kontrahiert nun ebenfalls, während der Makrolunker entsteht. Das führt zur äußeren Schwindung und bewirkt eine Verminderung des Makrolunkervolumens. Sofern der endgültige feste Gußkörper völlig dicht ist, kann man unter den vorgegebenen Bedingungen annehmen, daß die Summe von äußerer Schwindung (einschließlich des durch Absinken des Metallspiegels vor Bildung der Randschale verursachten Betrages) und Makrolunkervolumen stets konstant ist, und zwar gleich dem Wert des Gesamt-Volumendefizits, der sich aus der Differenz der spezifischen Volumina bei Anfangs- und Raumtemperatur berechnen läßt.
Als Ergebnis der Überlegungen tritt die Beschaffenheit des Temperaturfeldes als weitere Voraussetzung für die Ausbildung verschiedener Arten von Volumenfehlern hinzu.
Zur Erklärung der Entstehung anderer Volumenfehlertypen muß nun die Bedingung der glattwandigen Erstarrung fallengelassen werden. Bei rauhwandiger und schwammartiger Erstarrung sowie bei den endogenen Erstarrungstypen besteht immer die Möglichkeit, daß kleine Bereiche von Schmelze zwischen wachsenden Kristallen eingeschlossen werden und weiter kontrahieren, ohne durch nachfließende Schmelze gespeist zu werden. Bei geringem *Speisungsvermögen* des Metalls treten so lokale Volumenfehlbeträge auf, die sich als Poren oder Mikrolunker äußern. Im Gegensatz zu Gasporen sollen sie als *Schrumpfungsporen* bezeichnet werden.
Für die Bildung von Makrolunkern erwies sich eine feste Randschale als notwendig. Nun gibt es eine Reihe von Erstarrungstypen, die diese Bedingung grundsätzlich nicht erfüllen. Bei der rauhwandigen und der schwammartigen Erstarrung, besonders aber bei den endogenen Erstarrungstypen kann die Festigkeit der Randschale so weit herabgesetzt sein, daß sie den auf sie wirkenden Kräften (Luftdruck und metallostatischer Druck) nachgibt. Die Nachgiebigkeit der Randschale äußert sich zunächst darin, daß der erstarrende Gußkörper sich an die Formwände anlegt und nur die oberen waagerechten Flächen infolge der Kon-

traktion einsinken. Nun wird die Erstarrung an Kanten und Ecken auf Grund der verbesserten Wärmeabfuhrbedingungen schneller fortschreiten als an den Flächen. Nach einiger Zeit bilden die Kanten mit ihrer erhöhten Tragfähigkeit ein starres äußeres Gerüst, und die Kontraktion des Gußkörpers zeigt sich nun auch neben der äußeren Schwindung in Einbuchtungen der Flächen relativ zu den sie begrenzenden Kanten: es kommt zur Bildung von Einfallstellen. Es leuchtet ein, daß Schrumpfungsporen, in denen Unterdruck herrscht, das Einfallen der Seiten besonders begünstigen. Die enge Beziehung zwischen Schrumpfungsporen und Einfallstellen äußert sich darin, daß beide Volumenfehlerarten bei denselben Erstarrungstypen zu erwarten sind.
Die besprochenen Fehlerarten lassen sich nach ihrem Vorkommen in zwei Gruppen anordnen:

1. Wenn sich im erstarrenden Gußstück früh eine tragfähige Randschale bildet, werden Makrolunker bevorzugt entstehen. Die Bedingungen dazu sind glattwandige, rauhwandige oder endogen-schalenbildende Erstarrung.
2. Wenn eine nachgiebige Randschale ausgebildet wird, werden Einfallstellen bevorzugt entstehen. Da dieselben Erstarrungsbedingungen, welche die Nachgiebigkeit der Randschale verursachen (breiartige, endogen-schalenbildende, schwammartige und rauhwandige Erstarrung), die Bildung von Poren begünstigen, werden Einfallstellen und Schrumpfungsporen häufig vergesellschaftet vorkommen.

Die äußere Schwindung, d. h. die Abweichung der Gußstücks- von den Formmaßen, ist in diese beiden Gruppen schwieriger einzuordnen. Sie ist um so größer, je früher eine Randschale entsteht und je starrer sie ist. Allerdings ergeben sich gerade hier leicht Überschneidungen mit dem Einfallen der Seiten. Auch zwischen Makrolunkern und Einfallstellen sind Übergänge möglich, die eine strenge Unterscheidung verhindern können. Die hierin enthaltene Problematik soll erst bei den einzelnen Versuchsergebnissen erörtert werden.
Als entscheidender Faktor für die Neigung des Metalls zur Bildung von Makrolunkern oder Einfallstellen ist die Tragfähigkeit der Randschale angenommen worden, die durch den Erstarrungsablauf festgelegt wird. Die Bildung von Schrumpfungsporen ist ebenfalls eine Folge eines bestimmten Erstarrungsablaufs. Zusammenfassend ergibt sich also, daß der Unterschied der spezifischen Volumina flüssig-fest die Voraussetzung für die Entstehung von Volumenfehlern überhaupt ist. Die verschiedenen Arten der Volumenfehler werden bedingt durch das *Temperaturfeld und den Erstarrungsablauf*. Dabei ist jedoch immer zu berücksichtigen, daß für ein und dieselbe Legierung die Bevorzugung einer Volumenfehlerart mit einer Zurückdrängung anderer verbunden ist; denn die Summe aller Volumenfehler ist konstant und gleich dem Volumenfehlbetrag, der sich aus dem Unterschied der spezifischen Volumina ergibt.

4. Vermeidung von Volumenfehlern

Volumenfehler gehören zu den wichtigsten Ausschußursachen in Gießereien. Man ist deshalb mit allen Mitteln bestrebt, sie zu vermeiden. Grundsätzlich gibt es zwei Wege zur Erreichung dieses Ziels:

1. die Verringerung des Volumendefizits;
2. die Lenkung der Aufteilung des Volumendefizits.

Zu 1: Die Verminderung des Gesamt-Volumendefizits kann einmal dadurch erreicht werden, daß man bei gegebener Legierung die *Gießtemperatur* herabsetzt (Abb. 1).
Eine weitere Gruppe von Maßnahmen besteht darin, daß man die Größe des im Formhohlraum zur Auswirkung kommenden Volumendefizits vermindert. Beim Füllen der Form kühlt das einfließende Metall ab und kontrahiert dabei. Diese *Vorkontraktion* führt dazu, daß man beim Füllen der Form ein größeres Metallvolumen in den Hohlraum einbringen kann. Die Vorkontraktion steigt mit zunehmender Abkühlwirkung des Formstoffes und des das einfließende Metall umgebenden Mediums. Bei gegebenen Abkühlbedingungen ist ihre Auswirkung um so größer, je langsamer gegossen wird. Formstoffe hoher Abkühlwirkung sowie langsames Gießen vermindern also das am Gußstück meßbare Volumendefizit.
Ein größeres Metallvolumen wird auch beim Nachgießen im Formhohlraum untergebracht, wodurch sich ebenfalls das meßbare Volumendefizit verringert.
Bei allen Maßnahmen zur Verminderung des Gesamt-Volumendefizits muß darauf geachtet werden, daß der Erstarrungsablauf nicht in eine unerwünschte Richtung gelenkt wird, so daß die Verringerung des Gesamt-Fehlbetrages etwa mit einer ungünstigeren Aufteilung des Fehlbetrages einhergeht.
Zu 2: Eine Vermeidung von Volumenfehlern kann auch darin bestehen, daß die Aufteilung des Volumendefizits so gelenkt wird, daß es sich entweder

a) in unschädlicher Form äußerst oder aber
b) sich möglichst in ganzer Größe in einem bestimmten Teil des Gußkörpers anordnet.

Zu a): Wenn es gelingt, einen möglichst großen Betrag des Volumendefizits als äußere Schwindung erscheinen zu lassen, kann man diese durch Vergrößerung der Formabmessungen (Schwindmaß) so auffangen, daß ein maßgenaues Stück entsteht. Wenig ausgeprägte Einfallstellen können unschädlich sein, wenn sie bei der anschließenden Bearbeitung wegfallen. Im gleichen Sinne wirkt der oft unbewußt unternommene Versuch, das Volumendefizit zum Teil als Schrumpfungsporen auftreten zu lassen und diese Porosität gleichmäßig fein über den Querschnitt des Stückes zu verteilen.
Zu b): Wenn man in der Lage ist, das gesamte Volumendefizit (mit Ausnahme der äußeren Schwindung) in einem Teil des Gußstücks unterzubringen, kann man durch Entfernung dieses Teils fehlerfreie Stücke erhalten. Verlorene Köpfe und *Speiser* (Steiger, Trichter, Druckmasseln) dienen diesem Zweck. Als besonders

wirkungsvoll erweisen sie sich zur Aufnahme der Makrolunker. Der Bildung von Einfallstellen können sie durch Erhöhung des metallostatischen Druckes entgegenwirken. Außerdem können sie dem Luftdruck längere Zeit Zutritt zum Innern des erstarrenden Gußstückes verschaffen und damit ebenfalls das Einfallen der Seiten zurückdrängen. Auf Schrumpfungsporen bleibt ihre Wirkung dagegen meist nur gering. Da ein Speiser ein Teil des Gußkörpers ist, wird die Erstarrung in ihm wie im übrigen Gußstück verlaufen. Bei Erstarrungstypen, die zur Porenbildung führen, ist die Beweglichkeit des Speisemetalls, das vom Speiser aus an die gefährdeten Stellen fließen soll, bereits frühzeitig erloschen. In solchen Fällen bleibt der Speiser zur Vermeidung von Poren selbst dann wirkungslos, wenn man ihn durch Beheizen flüssig halten würde. Erfolge sind dagegen dann denkbar, wenn gleichzeitig mit der Anwendung von Speisern der Erstarrungsablauf so geändert wird, daß eine Randschale erhöhter Tragfähigkeit entsteht und die Beweglichkeit des Speisemetalls verbessert wird. Damit wird die Bildung von Makrolunkern gefördert, die sich dann im Speiser anordnen.

5. Einfluß von verschiedenen Variablen auf das Volumendefizit

Die verschiedenen gießereitechnischen Variablen beeinflussen Größe und Aufteilung des Volumendefizits in weiten Grenzen. Im folgenden sollen die zu erwartenden Wirkungen qualitativ betrachtet werden.

1. Eine Änderung der *Legierungszusammensetzung* bewirkt eine Änderung der Größe des Gesamt-Volumendefizits. Da sich die spezifischen Volumina im flüssigen wie im festen Zustand meist strukturunempfindlich ändern, ist mit einer stetigen Änderung des Gesamt-Volumendefizits zu rechnen. Da der Erstarrungsablauf bei der Änderung der Zusammensetzung in starkem Maße beeinflußt werden kann, sind große Unterschiede in der Aufteilung des Volumendefizits zu erwarten.
2. Eine Änderung der *Abkühlungsbedingungen* ist möglich durch Gießen des Metalls in Formstoffe von unterschiedlichem Wärmediffusionsvermögen. Die Größe des Gesamt-Volumendefizits wird grundsätzlich nicht geändert, wenn man von der Vorkontraktion absieht. Die Änderung der Aufteilung des Volumendefizits richtet sich nach der Änderung des Erstarrungsablaufs.

3. Durch unterschiedliche *Überhitzungstemperatur* und *-dauer* wird der Fremdkeimzustand der Schmelze beeinflußt. Damit gehen Änderungen des Erstarrungsablaufs einher, während das Gesamt-Volumendefizit gleichbleibt.

4. Der Keimzustand der Schmelze wird ebenfalls durch Änderung der *Gießtemperatur* beeinflußt. Weiter wächst mit steigender Gießtemperatur die Größe des Gesamt-Volumendefizits (Abb. 1). Zusätzlich kann man durch die erhöhte fühlbare Wärme, die durch den Formstoff abgeführt werden muß, mit einer Verzögerung der Abkühlung rechnen, wodurch wieder der Erstarrungsablauf geändert werden kann und die Vorkontraktion vermindert wird. Die Überlagerung

dieser Wirkungen ist so vielfältig, daß über die Aufteilung des Volumendefizits theoretisch keine sicheren Voraussagen gemacht werden können.

5. Durch *Kornfeinung* wird die Keimzahl erhöht. Bei gleichbleibendem Gesamt-Volumendefizit ändert sich der Erstarrungsablauf und damit die Aufteilung des Gesamt-Volumendefizits.

6. Die *Gießgeschwindigkeit* oder Gießzeit spielt dann eine Rolle, wenn sie der Größe der Erstarrungszeit nahekommt. Durch die Vorkontraktion wird die Größe des am Stück meßbaren Gesamt-Volumendefizits bei langsamem Gießen stark herabgesetzt. Ein Minimum des meßbaren Volumendefizits wird erreicht, wenn die Gießgeschwindigkeit gleich der Erstarrungsgeschwindigkeit ist[1]. Unterschiede in der Aufteilung des Volumendefizits sind nur dann zu erwarten, wenn der Erstarrungsablauf geändert wird.

7. Durch Anlegen von Kühlkokillen kann das *Temperaturfeld* so geändert werden, daß die Erstarrung in einer Richtung begünstigt wird. Änderungen des Volumendefizits in Größe und Aufteilung lassen sich aus Änderung der Abkühlungsbedingungen und damit des Erstarrungsablaufs erklären.

8. Bei Änderung der *geometrischen Form* des Gußstücks ist es denkbar, daß die Randschale bei gleichem Erstarrungsverhalten des Metalls unterschiedliche Tragfähigkeit aufweist. So kann die gewölbte Randschale einer Kugel den auf sie einwirkenden Kräften (Schwerkraft und Luftdruck) unter Umständen einen anderen Widerstand entgegensetzen als die waagerechte und flächige Randschale einer liegenden Platte. Damit wäre eine unterschiedliche Aufteilung des Volumendefizits verbunden, während sein Gesamtbetrag gleichbleibt.

9. Einflüsse der *Gießart* (liegend oder stehend) werden sich ebenfalls entsprechend der unterschiedlichen Starrheit der Randschale gegenüber den auf sie wirkenden Kräften bemerkbar machen.

10. Die Verwendung von *Speisern* führt zu einer Vergrößerung des Stücks und damit zu einer Erhöhung des Wärmeinhalts. Dadurch kann der Erstarrungsablauf beeinflußt werden.

[1] Solche Verhältnisse liegen angenähert beim Strangguß vor.

II. Versuche

1. Begründung der Versuchsdurchführung

Zur Ermittlung der Form des Makrolunkers sind, wie bereits erwähnt, Rechenverfahren entwickelt worden. Die wichtigste Voraussetzung, die zum mathematischen Ansatz gemacht werden muß, ist ein ideal glattwandiger Erstarrungsablauf. Da ein solcher Erstarrungstyp ein seltener Sonderfall ist, versagt die Rechnung bei der Mehrzahl der Legierungen, die nicht glattwandig erstarren, worauf E. Scheil [4] bereits hingewiesen hat. Daraus folgt die Notwendigkeit, die interessierenden Zahlenwerte für die Größe der einzelnen Volumenfehler sowie Angaben über die Anordnung am Gußstück experimentell durch Messung zu beschaffen.

Nun erhebt sich die Frage, wie und an welchem Körper gemessen werden soll. Seit Jahren sind sogenannte Lunkerproben gebräuchlich, die J. Czikel [3] zusammengestellt und kritisch betrachtet hat. »Lunkerproben«, die als Gußstückelemente ausgebildet sind, werden sich im allgemeinen den aus ihnen aufgebauten Gußstücken ähnlich verhalten und gewisse Analogieschlüsse auf das Lunkerverhalten von Gußstücken erlauben. Für quantitative Auswertungen eignen sie sich meist nicht. Die große Mehrzahl der »Lunkerproben« versucht, teilweise unter Anwendung von besonderen formtechnischen und konstruktiven Hilfsmitteln, möglichst das gesamte Volumendefizit als Außen-Makrolunker entstehen zu lassen, der dann quantitativ auswertbar ist. Sie gestatten dagegen meist nur in beschränktem Umfang, die Größe der übrigen Anteile des Volumendefizits zu erfassen. Es ist grundsätzlich anzuzweifeln, ob die Lenkung der Erstarrung in Richtung auf eine solche Bevorzugung von Makro-Außenlunkern eine Übertragbarkeit auf reale Gußstücke gewährleistet, wo eine derartige Lenkung nicht unternommen wird oder unmöglich ist. Darüber hinaus führt die oft genau angegebene Rezeptur zum Herstellen und Abgießen solcher Proben dazu, daß viele Einflußgrößen nicht untersucht werden können, da sie zum Gelingen der Prüfung konstant gehalten werden müssen. Schließlich besagt die Existenz einer definierten »Lunkerprobe« von vornherein, daß Unterschiede der Geometrie der Probekörper nicht untersucht werden können.

Aus allen angeführten Gründen wurde in der vorliegenden Arbeit bewußt darauf verzichtet, eine neue Lunkerprobe zu entwickeln. Statt dessen wurde versucht, geometrisch einfache, gut ausmeßbare Gußkörper unter kontrollierten Bedingungen abzugießen und nach einem bestimmten Schema auszuwerten. Dabei lassen sich Ausgangsmetall, Schmelz- und Gießtechnik, Abkühlungsbedingungen und die Geometrie der Körper innerhalb weiter Grenzen verändern. Ein gewisses Problem stellt die Gießtechnik dar, da die Gießzeit die *Vorkontraktion* beeinflußt.

Neben der Vorkontraktion ist das *Nachgießen* zu berücksichtigen, das darin besteht, daß nach dem Füllen der Form noch eine Zeitlang weiter gegossen wird. Auch ist durch den zum Gießen unvermeidlichen Anschnitt eine gewisse *Nachspeisung* möglich.

Die ideale Forderung an das Versuchsverfahren bestünde darin, daß ein definiertes Metallvolumen augenblicklich in einen Formhohlraum gleicher Größe eingebracht wird. Neben der Unmöglichkeit der augenblicklichen Formfüllung ist es sehr schwierig, flüssige Metallmengen von definiertem Volumen mit der nötigen Genauigkeit bereitzustellen und ohne Rückstand in einen Formhohlraum einzubringen. Zusätzlich könnte – endliche Füllzeit vorausgesetzt – bei starker Vorkontraktion der merkwürdige Fall eintreten, daß das Metall die Form gar nicht bis zum Rande füllt, sondern bereits vorher den größten Teil seines Volumendefizits durchlaufen hat. Aus diesen Gründen wurde bei den folgenden Versuchen – mit Ausnahme einer Reihe – die *Gießzeit konstant*, und zwar etwas größer als die Füllzeit gehalten. Diese Gießtechnik kommt damit den Bedingungen der Praxis entgegen, wo auch mindestens so lange gegossen wird, bis die Form gefüllt ist.

2. Versuchsbeschreibung

Bei der großen Zahl von Einflußgrößen bestand die Aufgabe der Versuchsplanung darin, die Zahl der Versuche durch Beschränkung auf die wichtigsten Variablen überblickbar zu halten. So ist der Einfluß der meisten Variablen an einem stehend gegossenen Rechtkantkörper untersucht worden. Einflüsse der Gießart sowie die Wirkung von Speisern und Endkokillen wurden an Platten und Barren geprüft. In vielen Reihen wurden nur Extremfälle ausgewählt, um Unterschiede deutlicher hervortreten zu lassen. Oft sind nur zwei oder drei Legierungen verwendet worden, die stark unterschiedliches Erstarrungsverhalten zeigen (Al 99,9, AlCu 2 und AlCu 12). Eine Zusammenstellung der Versuche enthalten die Tab. 1 und 2. Als »normal« sind dabei die Bedingungen bezeichnet, die immer konstant blieben, es sei denn, sie wären selbst die untersuchte Variable.

Tab. 1 Zusammenstellung der Versuche

Form	Abmessungen in mm	Volumen in cm^3	Legierungen	Gießtechnik = Einguß, = Endkokille, = Speiser
Kugel	100 Dmr.	520	Al 99,9; AlCu 2; AlCu 12	
Zylinder	90 Dmr., 90 hoch	570	Al 99,9; AlCu 2; AlCu 12	
Würfel	82 Kantenlänge	550	Al 99,9; AlCu 2; AlCu 12	
Rechtkant	113,5 × 100 × 48,5	550	(vgl. Tab. 2)	
Barren	270 × 45 × 45	546	Al 99,9; AlCu 12	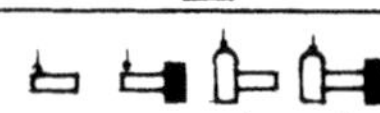
Platte	150 × 150 × 25	560	Al 99,9; AlCu 12	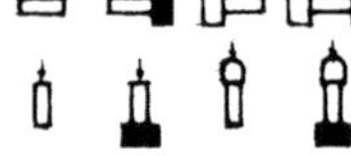

Ausgangsmaterial für die Aluminiumschmelzen war Raffinal Al 99,99. Zum Legieren wurde Al 99,9 (Eisen und Silizium je < 0,030%) und Elektrolytkupfer der Reinheit Cu 99,95 verwendet. Das Metall wurde in elektrisch beheizten Widerstandsöfen erschmolzen und im Tiegel legiert. Da etwaige Gasporen bei der Bestimmung der Schrumpfungsporosität stören, wurden die Schmelzen sorgfältig unter den üblichen Vorsichtsmaßregeln hergestellt und mit Hexachloräthan behandelt. So war zum mindesten gewährleistet, daß ein gleichmäßig niedriger Gasgehalt eingestellt war.

Bei allen Versuchen wurde das Metall von oben in den Formhohlraum eingegossen; bei den speiserlosen liegenden Platten und Barren war der Einguß zur Seite verschoben (Abb. 3). Die geforderte konstante Gießzeit wurde dadurch erreicht,

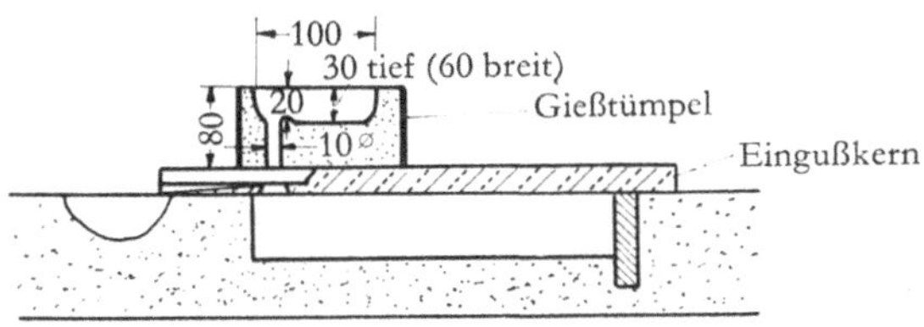

liegend mit Endkokille

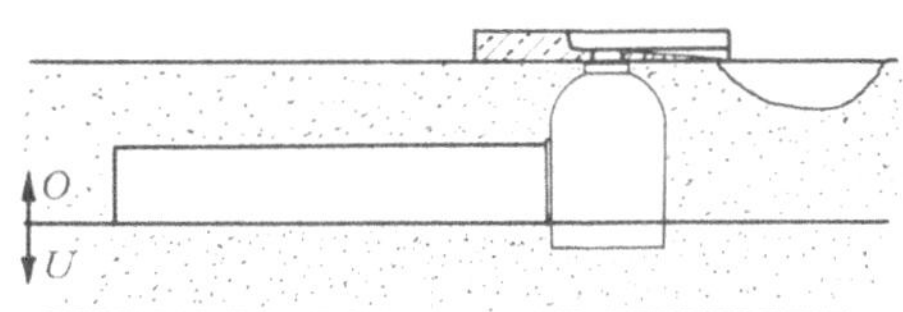

liegend mit Speiser

Abb. 3 Aufbau der gießfertigen Form

Tab. 2 Zusammenstellung der Versuche an Rechtkantproben
(Normalbedingungen sind fett gedruckt)

Variable	Bereich	Formstoff	Legierung
Legierung	0 bis 33% Cu	Sand, Kokille	
Gießtemperatur	30, **70,** 100° C üb. Liq.	Sand, Kokille	Al 99,9, AlCu 2, AlCu 12
Überhitzungstemperatur	**110,** 190° C üb. Liq.	Sand	0 bis 6% Cu
Korngröße	**ohne** + mit Kornfeinung	Sand, Kokille	0 bis 6% Cu
Füllzeit	**7s,** 15s	Sand, Kokille	Al 99,9, AlCu 2, AlCu 12
Temperaturfeld	**ohne** + mit Bodenkokille	Sand	Al 99,9 AlCu 2, AlCu 12

daß jeweils möglichst gleiche Metallmengen durch ein immer gleiches Gießsystem eingegossen wurden. Das in Kernsand geformte Gießsystem war als Überlauf ausgebildet (Abb. 4). Sobald die Form gefüllt war, floß der Metallüberschuß seitlich ab. Der Einlaufkegel war umgekehrt konisch geformt (von 14 mm auf 22 mm Dmr.), damit sich das Metall beim Absinken leicht von ihm löste. Die Füllzeit betrug normalerweise 7 s, die Gießzeit 9 s. Bei der Verwendung von Speisern wurde das Gießsystem unverändert beibehalten (Abb. 3); die Gießzeit war naturgemäß länger. Gegossen wurde entweder aus einem beheizten Gießtrichter oder durch einen Einguß mit Gießtümpel. Der Durchmesser der Eingußöffnung betrug 10 mm. Zur Verringerung der Gießgeschwindigkeit wurde er verkleinert. Beide Eingießtechniken hatten keine unterschiedlichen Auswirkungen.

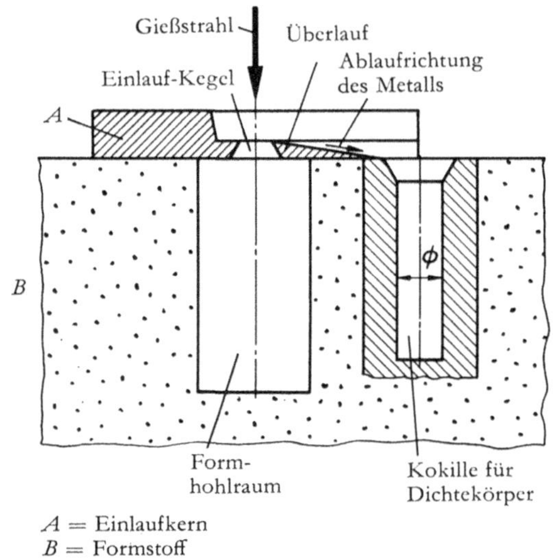

Abb. 4 Gießsystem

Da im Schrifttum verläßliche Angaben über die Dichten von Aluminium–Kupfer-Legierungen bei Raumtemperatur fehlen, wurde das übergelaufene Metall in einer Kupferkokille von 20 mm Dmr. und 77 mm Höhe aufgefangen. Die Dichte dieser Probekörper wurde durch Wägen in Luft und Wasser mit einem relativen Größtfehler von $\pm$ 0,01% (absoluter Größtfehler $\pm$ 0,00026 g/cm³) bestimmt. Bei einer Verformung von Dichteproben unter einem Schmiedehammer änderte sich die Dichte nicht, so daß mit Sicherheit angenommen werden kann, daß die Probekörper porenfrei waren. Die so erhaltenen Dichtezahlen wurden zur Berechnung des Volumendefizits und der Innenporosität verwendet.

Der Formstoff für die grünen Sandformen bestand aus Nivelsteiner Quarzsand (mittlere Korngröße 0,2–0,3 mm) mit 6% Bentonit und 2,4% Ausgangswassergehalt.

Die Rechtkant-Kokillenform bestand aus Gußeisen von 20 mm Wanddicke. Der abnehmbare Deckel enthielt ein Überlaufsystem mit denselben Abmessungen wie das Kernsandsystem.

Die Speiser waren nach den Verfahren von R. NAMUR [5] und W. PATTERSON und W. KOPPE [6] berechnet worden. Sie wurden unter Vermeidung eines Speiserhalses direkt auf oder an das Stück gesetzt.

Die angelegten Endkokillen bestanden aus Gußeisen. Ihre Dicke war bei den Platten gleich der Plattendicke, bei den Barren gleich der halben Barrendicke [7].

Tab. 3 Reproduzierbarkeit der Versuche

Größe	Durchschnittliche Abweichung	Maximale Abweichung
Gesamt-Volumendefizit	$\pm$ 0,15% von V_{Form} oder rd. $\pm$ 1,5% von ΔV	$\pm$ 0,33% von V_{Form} oder rd. $\pm$ 3,3% von ΔV
Anteile des Gesamt-Volumendefizits	$\pm$ 0,25% von V_{Form} oder rd. $\pm$ 2,5% von ΔV	$\pm$ 0,6% von V_{Form} oder rd. $\pm$ 6% von ΔV

Die Mehrzahl der Versuche wurde einmal oder zweimal wiederholt[2]. In Tab. 3 sind durchschnittliche und maximale Abweichung mehrerer unter den gleichen Bedingungen durchgeführter Versuche an den Rechtkantproben angegeben. Sie geben zahlenmäßig Rechenschaft über die gute Reproduzierbarkeit der Versuche.

3. Auswertung und Fehlerbetrachtung

Voraussetzung für die Auswertung ist eine eindeutige Definition der möglichen Volumenfehler. Als Teilbeträge des Volumendefizits sind zu erwarten:

1. Absinken des Metallspiegels vor Bildung einer Randschale
2. Außen-Makrolunker
3. Einfallstellen
4. Innen-Makrolunker
5. Innen-Mikrolunker (Schrumpfungsporen)
6. Äußere Schwindung

In Abb. 5 sind diese Einzelbeträge an einem quaderförmigen Gußkörper schematisch dargestellt. Dazu sind die Berechnungsverfahren sowie die verwendeten Bezeichnungen und Symbole angegeben. Um Verwechslungen mit dem Schwindmaß zu vermeiden, wurde die »äußere Schwindung« als »kubische Schwindung« bezeichnet.

[2] In den folgenden Bildern sind stets Mittelwerte angegeben.

ΔV	Volumendefizit	V_E	Einfallvolumen	V_{Form}	Formvolumen
$V_{Außen}$	Außen-Defizit	V_{Kant}	Kantenvolumen	$V_{Mod.}$	Modellvolumen
V_{innen}	Innendefizit	V	Probenvolumen	$V_{korr.}$	Volumenkorrektur
V_M	Makrolunker-volumen	G_L	Probengewicht (Luft)	$V_{theor.}$	Volumen d. theoret. dicht. Probe
$V_{titr.}$	titriertes Lunkervolumen	G_W	Probengewicht (Wasser)	γKok	spez. Gew. v. Probestab in Kok.
V_{kegel}	Volumen des Einlaufkegels	V_{KS}	Kubische Schwindung	V_J	Innen-Defizit

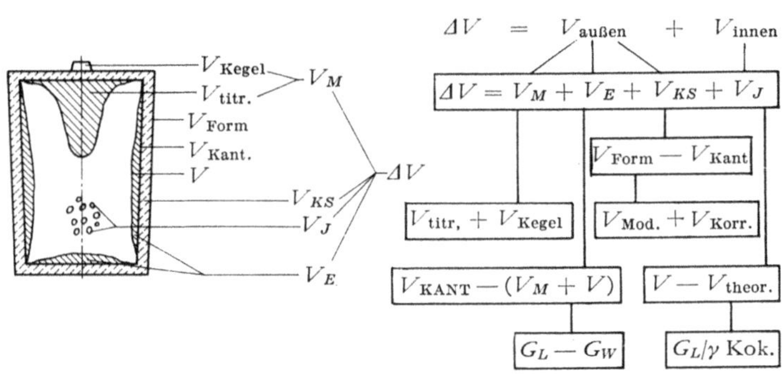

Abb. 5 Ermittlung der Anteile des Volumendefizits; Definition der einzelnen Größen

Makrolunker wurden mit entspanntem Wasser austitriert.
Das Innendefizit wurde ermittelt durch Vergleich der scheinbaren Dichte des Gußkörpers mit der Dichte des porenfreien Probenkörpers (Abb. 6, Tab. 4). Eine Unterscheidung zwischen Innen-Makro- und -Mikrolunker war zunächst nicht

Tab. 4 Spezifische Gewichte von Aluminium-Kupfer-Legierungen bei Raumtemperatur

Legierung	Spezifisches Gewicht in $\frac{g}{cm^3}$
Al 99,99	2,7048
Al 99,9	2,7057
AlCu 1	2,7240
AlCu 2	2,7430
AlCu 4	2,7816
AlCu 6	2,8241
AlCu 8	2,8695
AlCu 12	2,9634
AlCu 16	3,0546
AlCu 20	3,1562
AlCu 24	3,2675
AlCu 30	3,4329
AlCu 33	3,5264

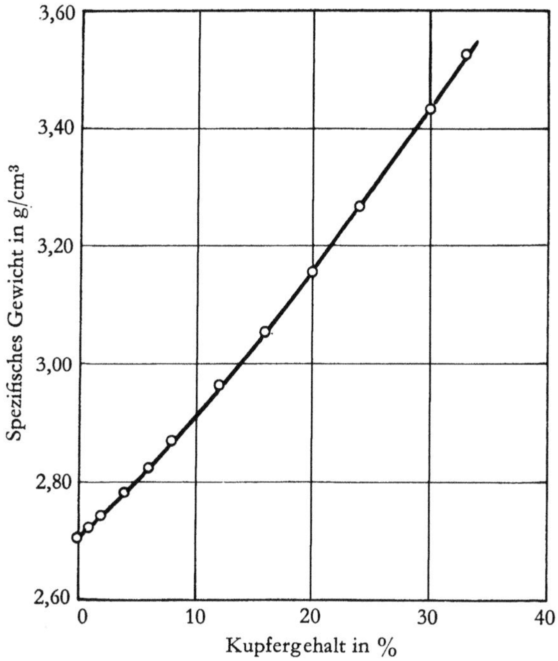

Abb. 6 Spezifische Gewichte von Aluminium–Kupfer-Legierungen bei Raumtemperatur

möglich. Sie ergab sich entweder röntgenographisch oder metallographisch an Schnitten durch die Gußkörper.
Die Abgrenzung des »Einfallvolumens« von der »kubischen Schwindung« ergab sich durch Einführung eines »Kantenvolumens«. Es wurde aus den gut ausgebildeten Kanten des Gußkörpers rechnerisch ermittelt. Die kubische Schwindung ergab sich dann aus der Differenz des Formhohlraumes und des Kantenvolumens.

Ein nennenswertes Absinken des Flüssigkeitsspiegels wurde in keinem Fall beobachtet. Es wäre jedenfalls in der kubischen Schwindung mit erfaßt worden.

Das Volumen der Sandformen (V_{Form}) konnte nur schwer ausgemessen werden. Statt dessen wurde das Volumen des Modells zuzüglich eines Korrekturwertes ($V_{\text{Korr.}}$), der das Ziehen des Modells berücksichtigt, eingesetzt.
Das Volumen des Einlaufkegels (1,55 cm³) wurde stets zum Makrolunkervolumen addiert, um die Nachspeisung durch diesen Kegel zu berücksichtigen.
Die Auswertung gewölbter Körper geschah sinngemäß. Bei Kugeln und Zylindern wurden aus den gemessenen Durchmessern entsprechend dem Kantenvolumen der Körper mit nicht gekrümmter Oberfläche ähnliche idealisierte Volumina berechnet. Die Unterscheidung zwischen den einzelnen Fehlertypen war dabei natürlich schwieriger.
Speiser wurden stets vor der Auswertung abgetrennt und nicht mit ausgewertet.

Tab. 5 Relative Fehler der Messungen

a) Relative Fehler der Messungen

Wert	Relativer Fehler in der Angabe des Wertes, der bezogen ist auf	
	V_{Form}	ΔV
V_M	± 0,5%	± 6%
V_E	± 10 %	± 10%
V_{KS}	± 30 %	± 20%
V_J	± 1 %	± 6%
ΔV	± 1,5%	–

b) Relative Fehler an einem Zahlenbeispiel

Wert	Meßtechnischer Fehlerbereich, bezogen auf	
	V_{Form}	ΔV
V_M	5% ± 0,025%	50% ± 3 %
V_E	1% ± 0,1 %	10% ± 1 %
V_{KS}	3% ± 0,9 %	30% ± 6 %
V_J	1% ± 0,01 %	10% ± 0,6%
ΔV	10% ± 0,15 %	–

Zur Berechnung der einzelnen Defizitanteile wurden sämtliche Meßwerte bei Sandguß und Kokillenguß auf das Ausgangsvolumen der Form bezogen. Strenggenommen müßten sie jedoch auf das durch die thermische Ausdehnung vergrößerte Formvolumen im Augenblick der Formfüllung bezogen werden. Diese Vergrößerung konnte bei Sandguß wegen fehlender Daten nicht ermittelt werden. Aus diesem Grunde wurde sie auch bei Kokillenguß nichtberücksichtigt, um die Vergleichbarkeit der Abkühlungsbedingungen nicht zu gefährden. Um die Aufteilung des Volumendefizits unabhängig von seiner absoluten Größe zu erhalten, wurden die einzelnen Anteile schließlich in Prozent vom gemessenen Gesamt-Volumendefizit dargestellt.

Eine Fehlerbetrachtung, die die Meßgenauigkeit der Auswertung für den ungünstigeren Fall des Sandgusses in Rechnung stellt, führt zu den in Tab. 5a angegebenen Fehlern der Wertangaben, die auf das Formvolumen oder das Volumendefizit bezogen sind. Zur Verdeutlichung sind diese Fehlergrenzen für ein herausgegriffenes Beispiel zahlenmäßig in Tab. 5b enthalten. Neben der hohen Genauigkeit bei der Bestimmung von Innendefizit, Makrolunkervolumen und Volumendefizit fällt der verhältnismäßig große Fehler der kubischen Schwindung ins Auge. Daß diese Fehler aber größtenteils systematischer Natur sind, erhellt aus der guten Reproduzierbarkeit der Versuche (Tab. 3).

III. Ergebnisse

1. Größe des Volumendefizits

In Abb. 7 sind die für Sand- und Kokillenguß gemessenen Werte des Gesamt-Volumendefizits der Rechtkantproben aufgezeichnet und dem für Gießtemperatur nach Zahlenangaben von St. Dorner [8], P. Hidnert und H. S. Krider [9] und eigenen Meßwerten berechneten Volumendefizit gegenübergestellt. Die Meßpunkte der sehr genau auswertbaren Kokillengußreihe ordnen sich etwa parallel der berechneten Kurve an. Die Sandgußwerte liegen höher als die Kokillengußwerte. Für die zu beobachtende Abweichung der gemessenen Volumen-Fehlbeträge von den berechneten gibt es vier mögliche Ursachen: Durch *Vorkontraktion*, *Nachgießen* und *Nachspeisen* wird das meßbare Volumendefizit in allen Fällen geringer sein als das berechnete. Ein weiterer Unterschied ergibt sich durch die *Ausdehnung der Form* beim Gießen. Wenn man nämlich die gemessenen Werte des Volumen-Fehlbetrages (nach Abb. 7) auf eine beim Gießen ausgedehnte Form bezieht, vergrößert sich der Wert des Volumendefizits. Während das Nachspeisen

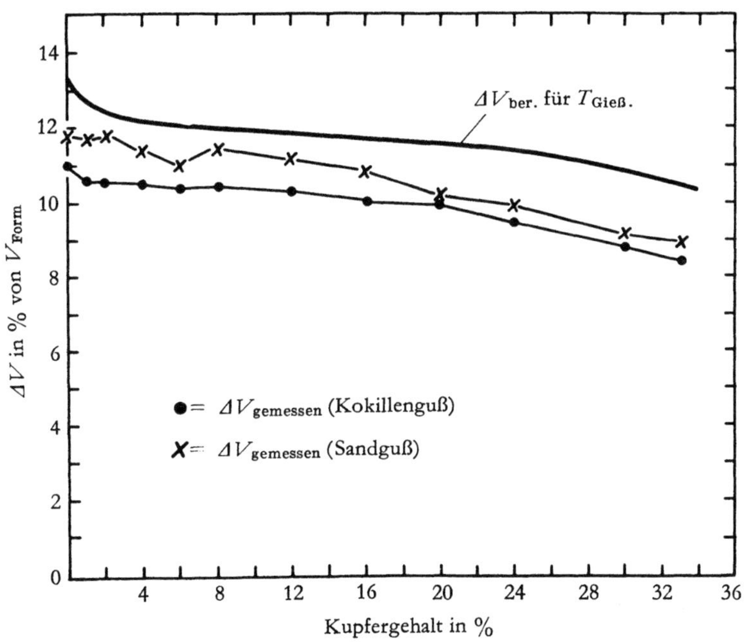

Abb. 7 Berechnetes (ΔVber.) und gemessenes Volumendefizit von Rechtkantproben (Sand- und Kokillenguß)

durch den kleinen Einlaufkegel stets bei der Auswertung berücksichtigt werden konnte und die Nachgießzeit von 2 s nachweislich nur eine gleichbleibende geringe Rolle spielte, müssen die Abweichungen der gemessenen von den berechneten Defizitwerten auf die Vorkontraktion und/oder die Ausdehnung der Form durch die Gießwärme zurückgeführt werden.

Bei der auf 260° C vorgewärmten Kokille wurde beobachtet, daß die Kokillentemperatur während des Gießens unverändert blieb und erst anschließend stieg. Offenbar führte ein Gleichgewicht zwischen der an die Luft abgegebenen und der beim Gießen aufgenommenen Wärme bei den gewählten Versuchsbedingungen zu dieser Temperaturkonstanz. In Abb. 8 sind die auf ein mit Hilfe von thermischen Ausdehnungskoeffizienten für 260° C berechnetes Formvolumen bezogenen Kokillengußwerte dargestellt. Die Ausdehnung der Kokille bewirkt eine Vergrößerung des meßbaren Volumendefizits um etwa 1% vom Formhohlraum. Es ist anzunehmen, daß der noch übrig bleibende Unterschied zum berechneten Volumendefizit in voller Höhe auf die Vorkontraktion zurückzuführen ist. Die eingezeichnete Kurve für das theoretische Volumendefizit bei der Liquidustemperatur legt den Schluß nahe, daß die Vorkontraktion etwa den Betrag der flüssigen Schwindung ausmacht. Dafür spricht außerdem, daß ein Absinken des Metallspiegels im Formhohlraum nie beobachtet wurde.

Eine ähnliche Unterscheidung zwischen der durch Vorkontraktion und Ausdehnung der Form hervorgerufenen Differenz von theoretischem und gemessenem Volumendefizit ist bei Sandguß nicht möglich. Man muß nach J. H. Gittus [10] jedoch auch beim Gießen in grüne Sandformen zunächst mit einer Ausdehnung der Form rechnen, so daß die auf dieses vergrößerte Formvolumen bezogenen

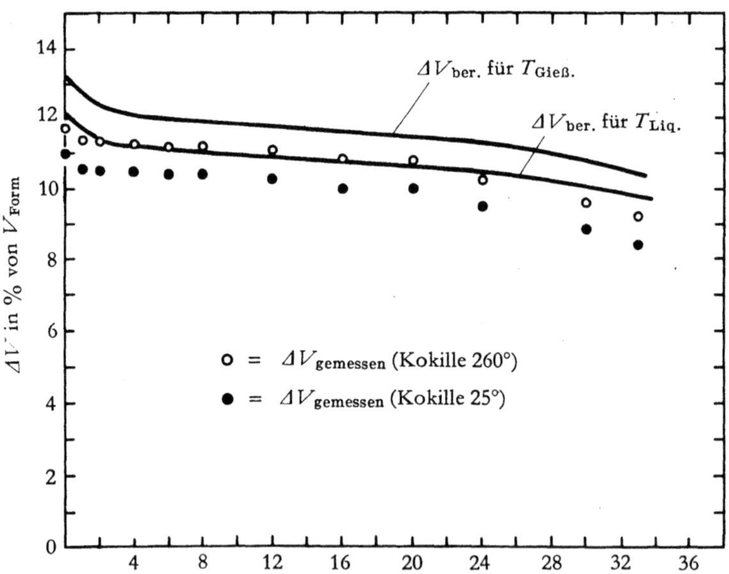

Abb. 8 Berechnetes und gemessenes Volumendefizit bei Kokillenguß

Volumenfehlbeträge ebenfalls höhere Werte annehmen würden als die in Abb. 7 eingezeichneten. Die Vorkontraktion ist demnach bei Sandguß geringer als bei Kokillenguß und dem Betrage nach verhältnismäßig niedrig.
Unterschiede in der Größe der Vorkontraktion in Abhängigkeit vom Kupfergehalt können durch den unterschiedlichen Wärmeinhalt der Legierungen hervorgerufen werden. Bei gleichem Wärmeaufnahmevermögen des Formstoffes wird die Vorkontraktion um so größer sein, je niedriger die je Volumeneinheit des Metalls abzuführende Wärmemenge ist. Für quantitative Aussagen sind die bekannten Zahlenwerte des Wärmeinhalts jedoch nicht genau genug. Sicher scheint nur zu sein, daß reines Aluminium den geringsten Wärmeinhalt von allen untersuchten Legierungen hat.
In Abb. 9 sind gemessene und berechnete Volumenfehlbeträge in Abhängigkeit von der *Gießtemperatur* bei drei verschiedenen Legierungen in Sand und Kokille dargestellt.

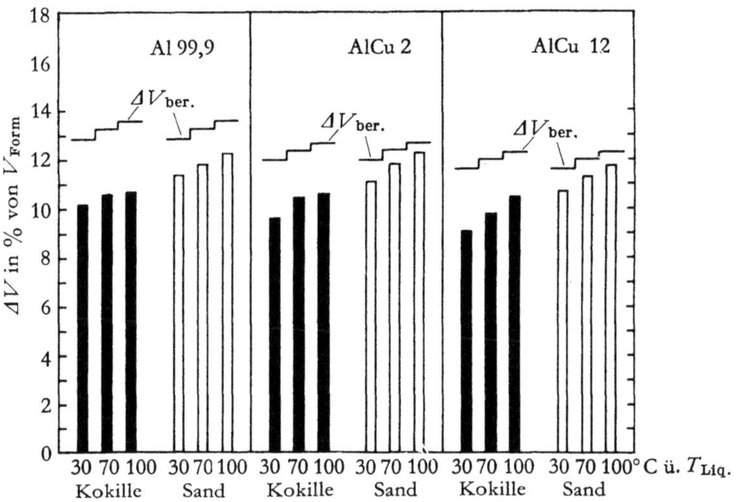

Abb. 9 Berechnetes und gemessenes Volumendefizit in Abhängigkeit von der Gießtemperatur

Wie zu erwarten war, steigt das gemessene Volumendefizit mit der Gießtemperatur in allen Fällen an. Insbesondere bei Sandguß scheint der Anstieg der gemessenen Werte mit der Gießtemperatur steiler zu sein als der Anstieg der berechneten Werte. Dafür kann eine verminderte Vorkontraktion oder/und eine stärkere Vergrößerung des Formhohlraums infolge der höheren Gießtemperatur verantwortlich sein. Bei Extrapolation der gemessenen und berechneten Defizitwerte zeigt sich, daß die Differenz zwischen beiden bei höheren Gießtemperaturen offenbar verschwindet.
Durch Änderung der *Füllzeit* von 7 auf 15 s (t_1 und t_2) nimmt das meßbare Volumendefizit ab (Abb. 10). Die Abnahme ist bei Kokillenguß größer als bei Sandguß, da die Vorkontraktion bei der schnelleren Abkühlung in der Kokille

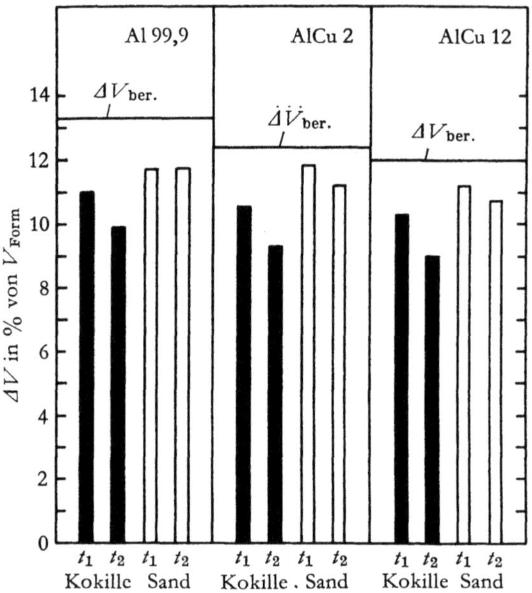

Abb. 10 Berechnetes und gemessenes Volumendefizit bei unterschiedlicher Füllzeit ($t_2 = 2\ t_1$)

stärker zum Tragen kommt als in der Sandform. Auch hier zeigt eine Extrapolation auf die Gießzeit Null (augenblickliche Formfüllung), daß die Differenz zwischen berechnetem und gemessenem Volumendefizit gegen Null strebt.

Die Einflüsse unterschiedlicher *Gießtechnik* auf die Größe des an Platten und Barren meßbaren Volumendefizits sind in Abb. 11 dargestellt.

Das meßbare Gesamtvolumendefizit nimmt durch *Speiser* allgemein erheblich ab. Diese Abnahme im Stück entspricht dem wesentlichen Sinn der Speiser, nämlich der Aufnahme eines möglichst hohen Teilbetrages des Volumendefizits im Speiser selbst.

Durch Anlegen von *Endkokillen* nimmt das meßbare Gesamt-Volumendefizit bei AlCu 12 deutlich ab. Diese Abnahme ist vermutlich auf eine Erhöhung der Vorkontraktion durch die hohe Abkühlwirkung der nicht vorgewärmten Endkokille zurückzuführen. Bei Al 99,9 sind die Ergebnisse jedoch nicht so eindeutig.

Ein Einfluß der *Gießart* scheint darin zu bestehen, daß das Volumendefizit der liegend gegossenen Körper geringer ist als das der stehend gegossenen. Es ist anzunehmen, daß durch den Kontakt des einfließenden Metalls mit der Formunterseite beim liegenden Körper eine stärkere Abkühlungs- und damit Vorkontraktion eintritt als beim freien Fall des Metallstrahls durch die Luft bei senkrechter Anordnung.

Minimalwerte des im Stück meßbaren Volumendefizits (von etwa 50% des gesamten Defizits) wurden erreicht beim liegenden Guß mit Speisern und Endkokille.

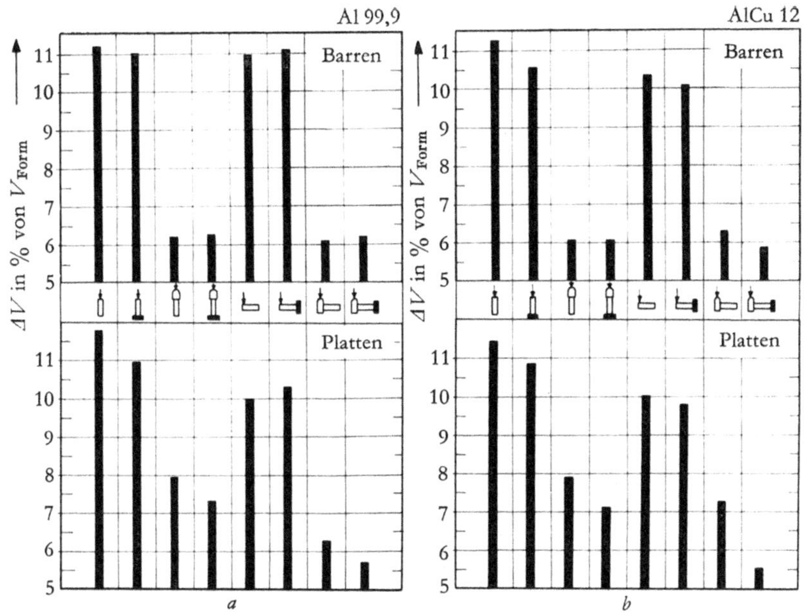

Abb. 11 Gemessenes Volumendefizit an Barren und Platten bei unterschiedlicher Gießtechnik
a) Al 99,9 b) AlCu 12

2. Aufteilung des Volumendefizits

a) Einfluß der Legierung[3]

In den Abb. 12 und 13 ist die Aufteilung des gemessenen Volumendefizits auf Makrolunker, Einfallstellen, kubische Schwindung und Innen-Volumendefizit (im folgenden vereinfacht »Innendefizit«) bei Sand- und Kokillenguß in Abhängigkeit vom Kupfergehalt dargestellt, wie sie an Rechtkantproben gemessen worden ist.

Die *Größe des Makrolunkers* nimmt bei Sandguß von etwa 60% des Volumendefizits bei Legierungen bis 4% Cu zunächst steil, dann langsamer ab und durchläuft bei 12% Cu ein Minimum. Anschließend steigt sie erst langsam, dann steiler wieder an und erreicht bei der eutektischen Konzentration wieder etwa den Ausgangswert. Bei Kokillenguß ergibt sich ein qualitativ ähnlicher Verlauf. Der Abfall des Lunkervolumens tritt jedoch erst ab 4% Cu ein, und der Wiederanstieg folgt dann bei geringerem Kupfergehalt als bei Sandguß. Im naheutektischen Bereich wie in der Nähe des Reinmetalls ist das Makrolunkervolumen bei Kokillenguß

[3] Der Einfluß unterschiedlicher Abkühlungsbedingungen (Sandguß und Kokillenguß) ist in den einzelnen folgenden Abschnitten jeweils enthalten.

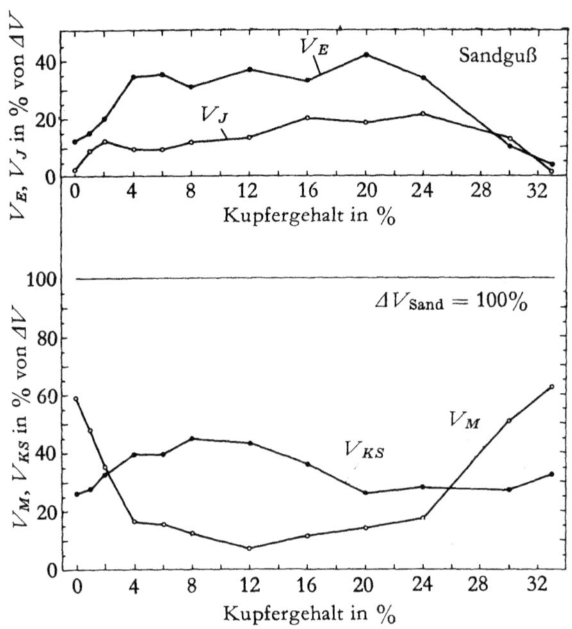

Abb. 12 Aufteilung des Volumendefizits bei Rechtkantproben (Sandguß)

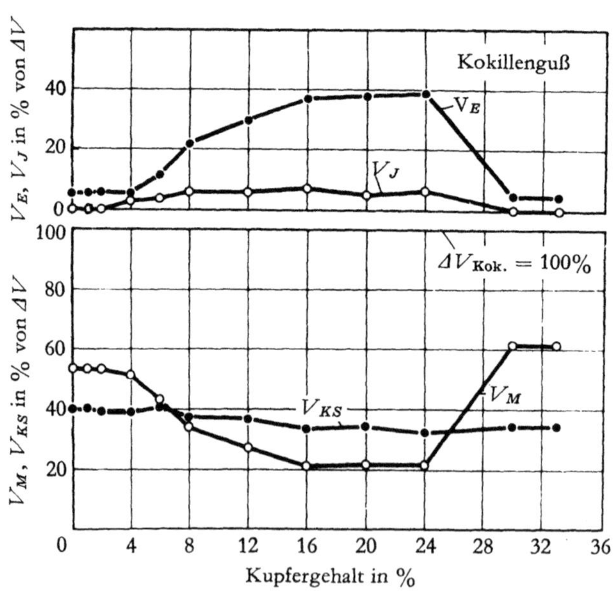

Abb. 13 Aufteilung des Volumendefizits bei Rechtkantproben (Kokillenguß)

Abb. 14 Rechtkantproben von oben gesehen
Obere Reihe Kokillenguß, untere Reihe Sandguß
Nach rechts steigender Kupfergehalt in der Reihenfolge Al 99,99, Al 99,9, AlCu 1, AlCu 2, AlCu 4, AlCu 6, AlCu 8, AlCu 12, AlCu 16, AlCu 20, AlCu 24, AlCu 30, AlCu 33

also etwa konstant und nur wenig niedriger als die entsprechenden Werte für Reinaluminium und AlCu 33 bei Sandguß. Das bei Kokillenguß weniger breit ausgebildete Minimum des Makrolunkervolumens liegt außerdem höher als bei Sandguß. Der Verlauf des Makrolunkervolumens mit steigendem Kupfergehalt entspricht qualitativ den Ergebnissen von W. PATTERSON und R. KÜMMERLE [11] im System Aluminium–Silizium. Andere Anteile des Volumendefizits, wie sie im Rahmen dieser Arbeit ermittelt wurden, lassen sich allerdings mit den Ergebnissen der genannten Verfasser nicht vergleichen, da Versuchsdurchführung und Definition der Meßgrößen voneinander abweichen.

Die *Gestalt des Makrolunkers* ist der Übersichtsaufnahme Abb. 14 zu entnehmen. Einen weiteren Hinweis auf die Makrolunkerform bietet Abb. 15. Bei Sandguß werden die Makrolunker ausgehend von tiefen Lunkern beim Reinmetall und beim Eutektikum rasch flacher; bei Kokillenguß flachen sie langsamer ab und bleiben auch in mittleren Konzentrationsbereichen tiefer. Die Betrachtung der Lunkeroberfläche verleitet übrigens leicht zu der Annahme, daß die Grenzfläche fest-flüssig im Verlaufe der Erstarrung ähnlich rauh oder glatt ausgebildet sein könnte. W. PATTERSON und S. ENGLER [12] konnten jedoch an Hand von Ausfließversuchen zeigen, daß solche Analogieschlüsse nicht statthaft sind. Makrolunkeroberflächen erscheinen oft dann noch glatt, wenn die Erstarrung rauhwandig oder sogar schwammartig und endogenschalenbildend verläuft. Schmelze und Oxydhäute überdecken dann die Unebenheiten der realen Lunkeroberfläche und lassen sie verhältnismäßig glatt und eben erscheinen.

Einfallvolumen und *Innendefizit* verlaufen der Makrolunkergröße etwa entgegengesetzt (Abb. 12 und 13). Die Größen dieser beiden Defizitanteile zeigen bei Sand- und Kokillenguß breite Maxima im selben Konzentrationsbereich wie die Minima

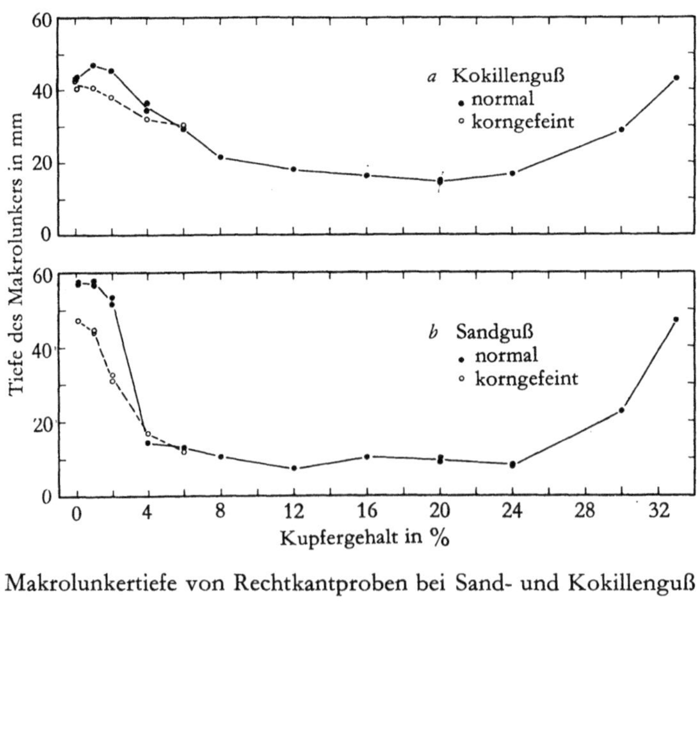

Abb. 15 Makrolunkertiefe von Rechtkantproben bei Sand- und Kokillenguß

des Makrolunkervolumens. Bemerkenswert ist der hohe Betrag von fast 40% des Volumendefizits, den das Einfallvolumen selbst bei Kokillenguß bei Kupfergehalten von 16 bis 24% einnehmen kann. Da eine strenge Trennung zwischen dem Makrolunker und dem Einfallen der Oberseite im mittleren Konzentrationsbereich nicht gerechtfertigt ist, kann für diese Legierungen behauptet werden, daß etwa die Hälfte des gesamten Volumenfehlbetrages als »Einfallen der Seiten« im weiteren Sinne erscheint.

Das *Innendefizit* ist bei Kokillenguß für alle Legierungen deutlich geringer als bei Sandguß (Abb. 12 und 13). Die Erscheinungsform des Innendefizits wurde metallographisch untersucht, indem Querschnitte durch die Probenmitten bei vierzigfacher Vergrößerung unter einem Binokular beobachtet wurden. Dabei wurden poröse Bereiche durch eine Umrandung gekennzeichnet. Die Abb. 16

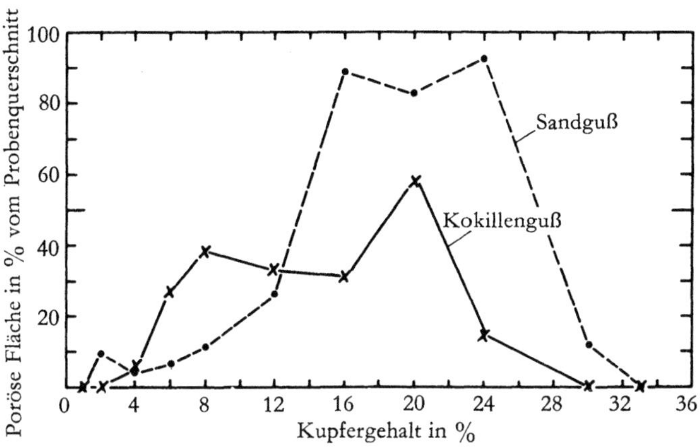

Abb. 16 Poröse Fläche bei Rechtkantproben in % vom Probenquerschnitt (Schnitt durch die Mitte der Proben)

zeigt die porendurchsetzte Fläche in % vom Probenquerschnitt. Bei Sandguß sind zwischen 16 und 24% Cu etwa 90% des Probenquerschnitts porös. Bei Kokillenguß sind maximal 60% der Fläche porös, die Poren sind mit Ausnahme des Konzentrationsbereichs von 4 bis 12% Cu auf einen kleineren Bereich verteilt als bei Sandguß. Die Durchmesser der häufigsten Poren sind bei Sandguß für alle porösen Proben etwa konstant gleich 0,2 mm. Die Durchmesser der größten Hohlräume steigen mit dem Kupfergehalt an (Abb. 17). Ausschließlich grobe Hohlräume treten bei der Legierung AlCu 30 auf, so daß das Innendefizit in diesem Fall als Makro-Innenlunker vorliegt. Bei Kokillenguß ist der maximale Porendurchmesser 1,5 mm. Besonders fällt auf, daß die Kokillenproben vorzugsweise an den Stellen stark eingefallen sind, wo sich poröse Bereiche im Innern befinden. Bei Sandguß sind die Schrumpfungsporen dagegen meist über größere Bereiche verteilt, und in diesen Fällen sind die Seiten bevorzugt in der Mitte eingefallen (Abb. 18).

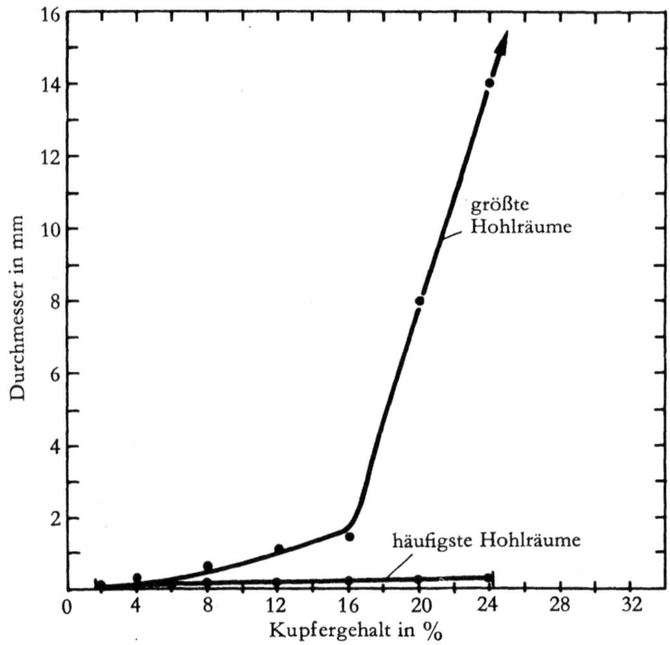

Abb. 17 Durchmesser der häufigsten sowie der größten Hohlräume bei Rechtkantproben (Sandguß)

Der Verlauf der *kubischen Schwindung* ist bei Sandguß unregelmäßig. Nach einem schwach ausgebildeten Maximum scheint sich ein etwa konstanter Wert einzustellen. Die Sicherheit der Aussage leidet jedoch hier unter der geringen Meßgenauigkeit der kubischen Schwindung. Bei Kokillenguß verläuft die kubische Schwindung mit dem Kupfergehalt nahezu in Form einer leicht abfallenden Geraden.

Ein Vergleich der gemessenen Aufteilung des Volumendefizits (Abb. 12 und 13) mit den auf das theoretische Defizit bezogenen (physikalischen) Kontraktionsanteilen (Abb. 19) legt den zwingenden Schluß nahe, daß beide Begriffskomplexe in keiner Form einander direkt zuzuordnen sind. Insbesondere sind Makrolunkervolumen, Einfallvolumen, Innendefizit und kubische Schwindung aus den Anteilen der Gesamtkontraktion *nicht berechenbar*.

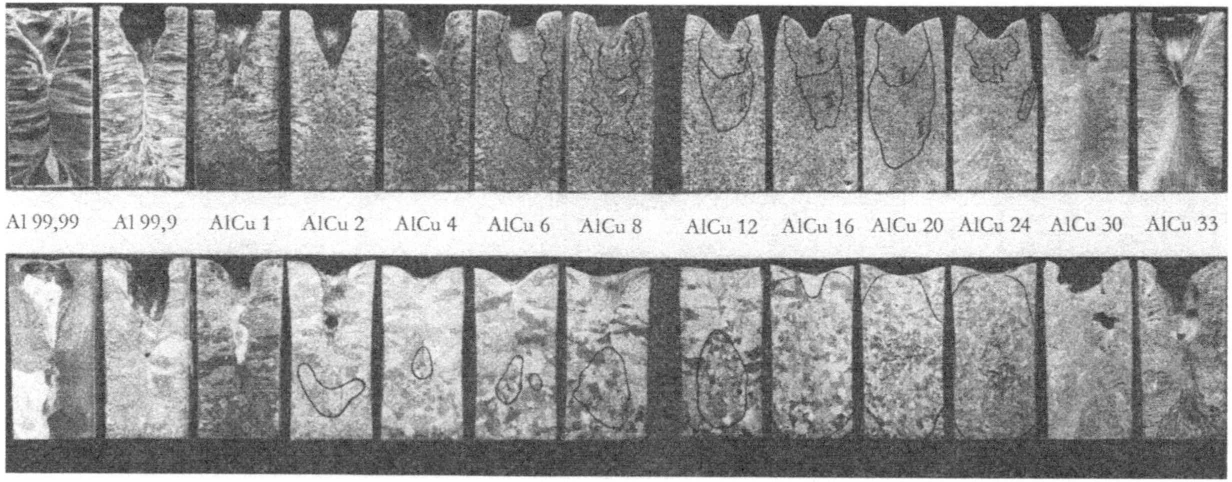

Abb. 18 Übersichtsaufnahme: Schnitt durch die Mitten der Proben
Obere Reihe Kokillenguß, untere Reihe Sandguß
(Poröse Bereiche durch Umrandung gekennzeichnet)

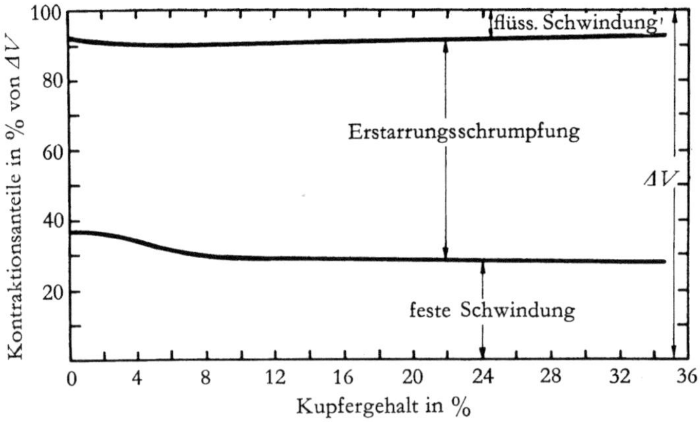

Abb. 19 Kontraktionsteile, bezogen auf das berechnete Volumendefizit

b) Einfluß des Fremdkeimzustandes

Der Einfluß eines unterschiedlichen Fremdkeimzustandes, herbeigeführt durch Kornfeinung und Überhitzung, wurde an Rechtkantproben in Sand und Kokille untersucht. In Abb. 20 sind die Meßergebnisse der korngefeinten Proben den

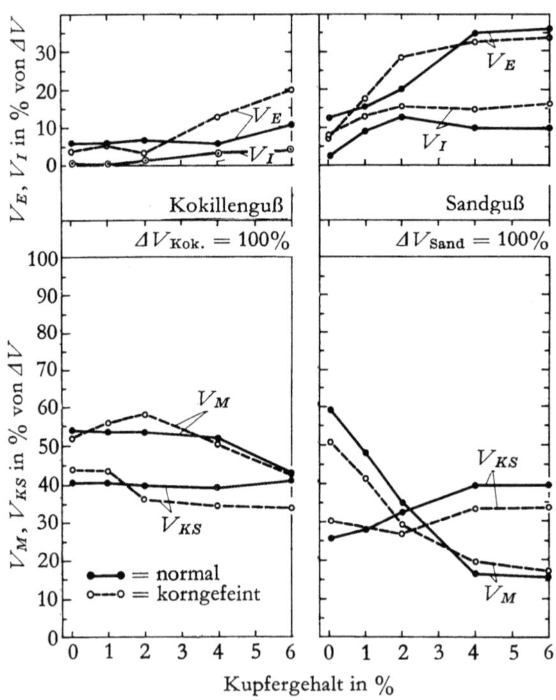

Abb. 20 Einfluß der Kornfeinung auf die Aufteilung des Volumendefizits an Rechtkantproben bei Sand- und Kokillenguß

unbehandelten gegenübergestellt. Obgleich die Kornfeinung sich in einer Erhöhung der Kornzahl auf den zehn- bis zwanzigfachen Betrag äußert, ist ihr Einfluß auf die Aufteilung des Volumendefizits verhältnismäßig gering.

Bei *Kokillenguß* flacht der Makrolunker bei gleichem oder größerem Volumen als im normalen Zustand leicht ab (Abb. 15). Bei höheren Kupfergehalten scheint das Einfallen begünstigt zu werden, während die kubische Schwindung abnimmt. Das Innendefizit ändert sich durch Kornfeinung nicht. Dagegen scheinen sich die Schrumpfungsporen über größere Bereiche zu verteilen.

Bei *Sandguß* wird die Größe des Makrolunkers durch Kornfeinung deutlich verringert. Außerdem wird der Makrolunker flacher (Abb. 15). Beide Tendenzen sind bei Reinaluminium am stärksten ausgeprägt und verringern sich mit steigendem Kupfergehalt. Sie verlaufen damit entsprechend dem Ausmaß der Kornfeinungswirkung, die ja beim Reinmetall am größten ist und dann abnimmt. Einfallvolumen und kubische Schwindung lassen bei Sandguß keine klaren Wirkungen der Kornfeinung erkennen. Dagegen wird das Innendefizit deutlich vergrößert. Außerdem verteilen sich die Schrumpfungsporen über erheblich größere Bereiche des Querschnitts (Abb. 21).

Die *Überhitzung von* 190°C über Liquidus änderte die mittlere Korngröße nur geringfügig. Sie führte jedoch zu einer Gasaufnahme, die in die Werte des Innendefizits mit einging und damit eine genaue Auswertung unmöglich machte. Auch unter Berücksichtigung dieser Fehlerquelle war ein eindeutiger Einfluß der Überhitzung nicht festzustellen.

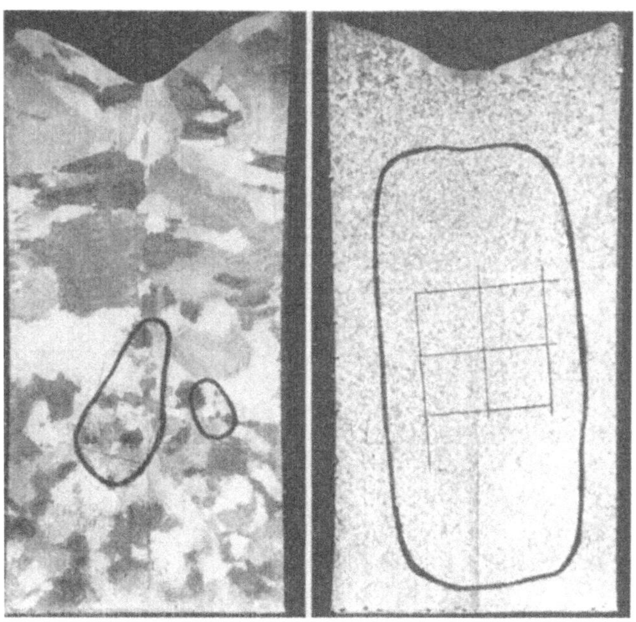

Abb. 21 Schnitt durch Rechtkantproben aus AlCu 6 (Sandguß)
a) normal
b) korngefeint (poröse Bereiche umrandet)

c) Einfluß der Gießtemperatur

Während die *Größe* des Gesamt-Volumendefizits durch die Gießtemperatur deutlich beeinflußt wird, ist in der *Aufteilung* des Volumendefizits keine klare Richtung zu erkennen. Wie erwähnt, ändert sich durch eine Erhöhung der Gießtemperatur der Keimzustand im Sinne einer Verminderung der Kornzahl, und zugleich wird die Abkühlung verzögert. Beide Änderungen scheinen sich im untersuchten Temperaturbereich so zu überlagern, daß ein systematischer Zusammenhang nicht zu erkennen ist. Aus diesem Grunde wurde auf eine Wiedergabe der Einzelergebnisse verzichtet.

d) Einfluß der Füllzeit

Nach Abb. 22 nimmt das Makrolunkervolumen beim langsamen Füllen der Form ab. (Ausnahme: AlCu 12, Sandguß). Das Einfallvolumen bleibt bei Kokillenguß unverändert, nimmt bei Sandguß jedoch zu. Das Innendefizit steigt bei Sand- und Kokillenguß an. Die Werte der kubischen Schwindung lassen unter Berücksichtigung der Meßgenauigkeit keine schlüssigen Aussagen zu.

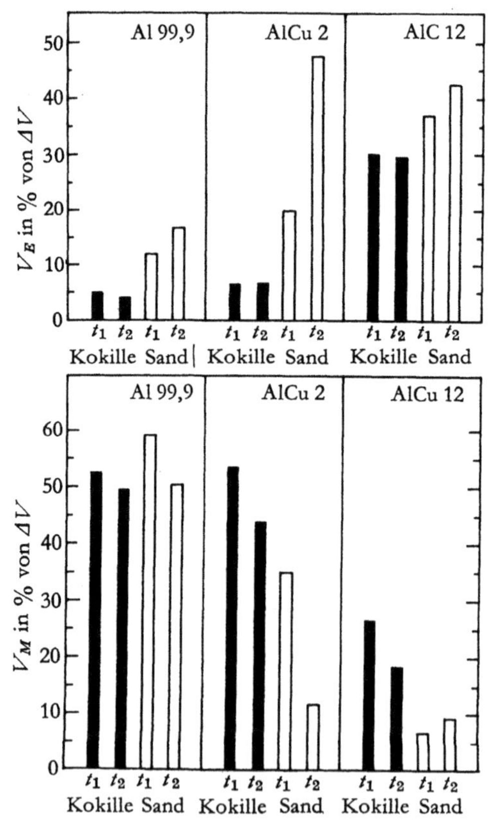

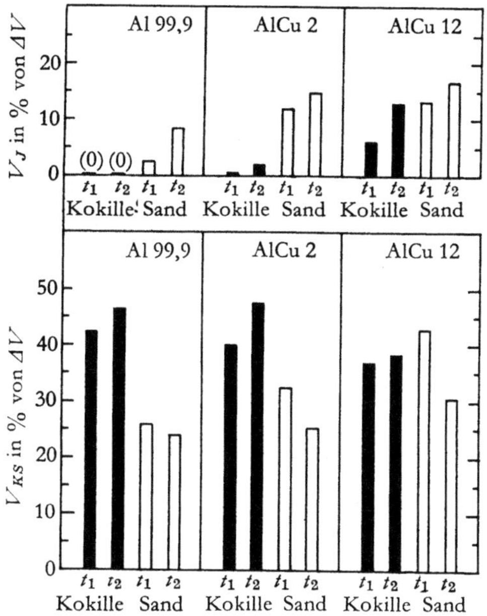

Abb. 22 Aufteilung des Volumendefizits bei unterschiedlicher Füllzeit ($t_2 = 2\,t_1$)

e) Einfluß der geometrischen Form der Probekörper

Die bei allen Versuchen grundsätzlich eingehaltene Bedingung der konstanten Gießzeit führt bei den Untersuchungen des Einflusses der geometrischen Form bei etwa konstantem Volumen nach der Beziehung

$$t_E = A^2 \left(\frac{V}{\varepsilon \cdot S}\right)^2$$

t_E = Erstarrungszeit
A = Wärmeübertragungswert
V = Volumen der Probe in cm^3
S = Oberfläche der Probe in cm^2
ε = gestaltabhängiger Korrekturwert

zu unterschiedlichen Erstarrungszeiten. Dem Vergleich der verschiedenen Körper (Abb. 23) ist wegen der einfacheren Darstellung die relative Erstarrungszeit in der Form $\frac{t_E}{A^2} = \left(\frac{V}{\varepsilon \cdot S}\right)^2$ als laufende Variable zugrunde gelegt[4]. Bei den Meßergebnissen ist im Auge zu behalten, daß sich die Einflüsse der Geometrie der Probekörper und der Erstarrungszeit überlagern. Nun ist bei allen untersuchten Körpern

[4] Da die Auswertung der Körper mit gekrümmter Oberfläche, insbesondere der Kugel, auf Schwierigkeiten stieß, sind die Verbindungslinien zu den entsprechenden Meßwerten gestrichelt gezeichnet.

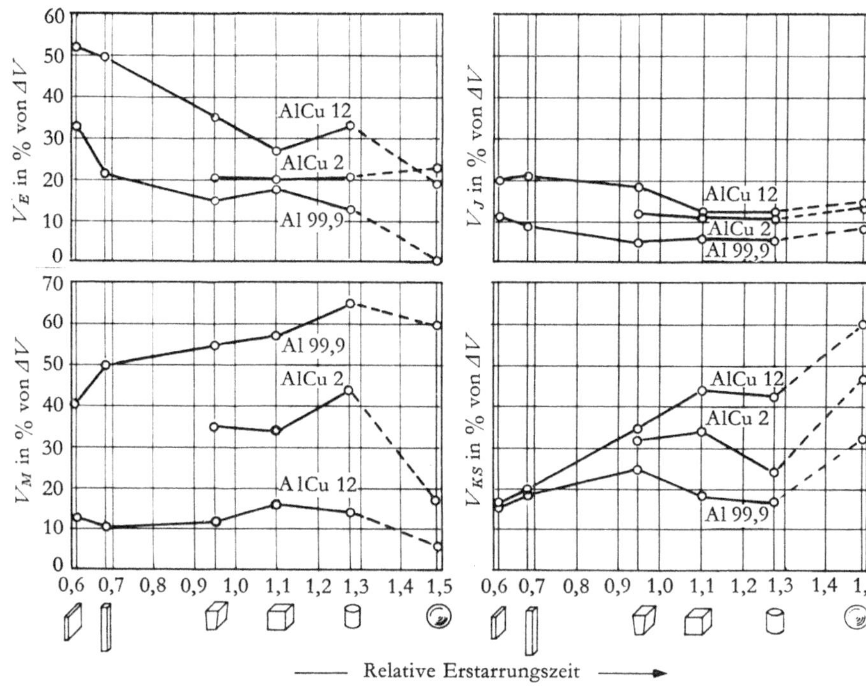

Abb. 23 Aufteilung des Volumendefizits bei Körpern unterschiedlicher geometrischer Form

in den Anfangsstadien der Erstarrung wegen der Gleichartigkeit des Formstoffes mit einer gleich großen Wärmeentzugsgeschwindigkeit zu rechnen, und es besteht kein Grund zur Annahme, daß sich etwa das Verhältnis des Temperaturgradienten an der Grenzfläche fest–flüssig zur Erstarrungsgeschwindigkeit und damit die Art des Erstarrungsablaufs ändert. Erst später im Verlauf der Erstarrung könnte eine Änderung des Verhältnisses der Wachstumsparameter eintreten, die dann zu einer Verbreiterung des Erstarrungsbereiches führt. Man kann also folgern, daß der Einfluß der Erstarrungszeit im Größenbereich der untersuchten Körper so gering sein wird, daß er hinter dem Einfluß der Geometrie beträchtlich zurücksteht.

Das *Makrolunkervolumen* scheint bei den drei Legierungen in Richtung auf die kompakten Körper leicht anzusteigen und bei Würfel oder Zylinder ein Maximum zu durchlaufen.

Das *Einfallvolumen* nimmt in Richtung auf die flächigen Körper deutlich zu. Untersuchungen an noch stärker gestreckten Platten erhärten dieses Ergebnis [13].

Das *Innendefizit* ändert sich bei den untersuchten Körpern nur wenig. Ein leichter Anstieg zu den gestreckten Körpern hin scheint sich anzudeuten.

Über die *kubische Schwindung* lassen sich wegen der geringen Meßgenauigkeit bei dieser Versuchsreihe keine sicheren Aussagen machen.

f) Einfluß von Speisern, Kühlkokillen und Gießart

Zur besseren Übersicht werden die Ergebnisse unterschiedlicher Gießtechnik gemeinsam dargestellt. Da die Auswirkungen von Bodenkokillen bei Rechtkantproben gegenüber Platten und Barren mit Endkokillen keine neuen Ergebnisse erbringen, werden sie ebenfalls in diesem Abschnitt mit behandelt.

Abweichend von der bisherigen Darstellung werden die Ergebnisse in % des Formvolumens angegeben, um den Einfluß der Speiser auf die Aufteilung des Gesamt-Volumendefizits deutlicher herausstellen zu können und dabei den Vergleich der Ergebnisse untereinander zu ermöglichen. Bei den mit Speisern gegossenen Körpern sind deshalb auch alle Werte auf die Form ohne Speiser bezogen. Die in den Abb. 24 und 25 für Platten und Barren verwendeten Symbole sind in Tab. 1 erläutert.

Das *Makrolunkervolumen* wird in allen Fällen durch Speiser auf Null reduziert (Abb. 24a und 25a). Dieses Ergebnis ist kein Zufall, sondern beruht auf der Gültigkeit der Speiserberechnungsverfahren.

Ein scheinbar geringer Einfluß der Gießart auf das Makrolunkervolumen bei liegenden Körpern erklärt sich durch das Auswertungsverfahren, das insbesondere bei AlCu 12 eine strenge Trennung zwischen Makrolunker und Einfallen der Oberseite nicht zuließ.

Durch Kühlkokillen wird das Makrolunkervolumen kaum beeinflußt. Deutlich beeinflußt wird dagegen die Lunkerform. In Abb. 26 sind die Lunkertiefen von Platten und Barren sowie Rechtkantproben (bei liegend gegossenen Körpern die seitliche Erstreckung in Längsrichtung) aufgetragen. Es zeigt sich, daß die Makrolunker bei Barren und Platten mit Endkokillen aus Al 99,9 deutlich flacher ausgebildet sind. Die Tiefe der ohnehin flachen Lunker der Legierung AlCu 12 konnte nicht genau gemessen werden. Die Ergebnisse der Lunkertiefe an Rechtkantproben sind in Abb. 26 unten dargestellt. Bei Al 99,9 und AlCu 2 wird der Makrolunker flacher in der Reihenfolge Sandguß – Kokillenguß – Sandguß mit Bodenkokille. Bei der Legierung AlCu 12 tritt der flachste Lunker bei Sandguß auf.

Das *Einfallvolumen* wird bei AlCu 12 durch Speiser in jedem Fall deutlich vermindert (Abb. 25b). Eine weniger deutliche Abnahme zeigt sich bei liegend gegossenen Barren und Platten aus Al 99,9, während stehend gegossene Körper aus Al 99,9 mit Speisern etwas stärker einfallen als ohne Speiser. Durch Endkokillen wird das Einfallvolumen in allen Fällen, bei AlCu 12 jedoch stärker, herabgesetzt. Die geringste Neigung zum Einfallen zeigten die mit Speisern und Endkokillen vergossenen Körper.

Alle liegend gegossenen Körper waren weniger stark eingefallen als die stehend gegossenen Stücke.

Die *kubische Schwindung* scheint durch Endkokillen in fast allen Fällen vergrößert zu werden.

Das *Innendefizit* wird bei Al 99,9 durch Speiser leicht vergrößert, bei der Legierung AlCu 12 bleibt es trotz der Anwendung von Speisern unverändert. Die Gießart übt bei beiden Legierungen keinen Einfluß auf die Größe des Innendefizits aus.

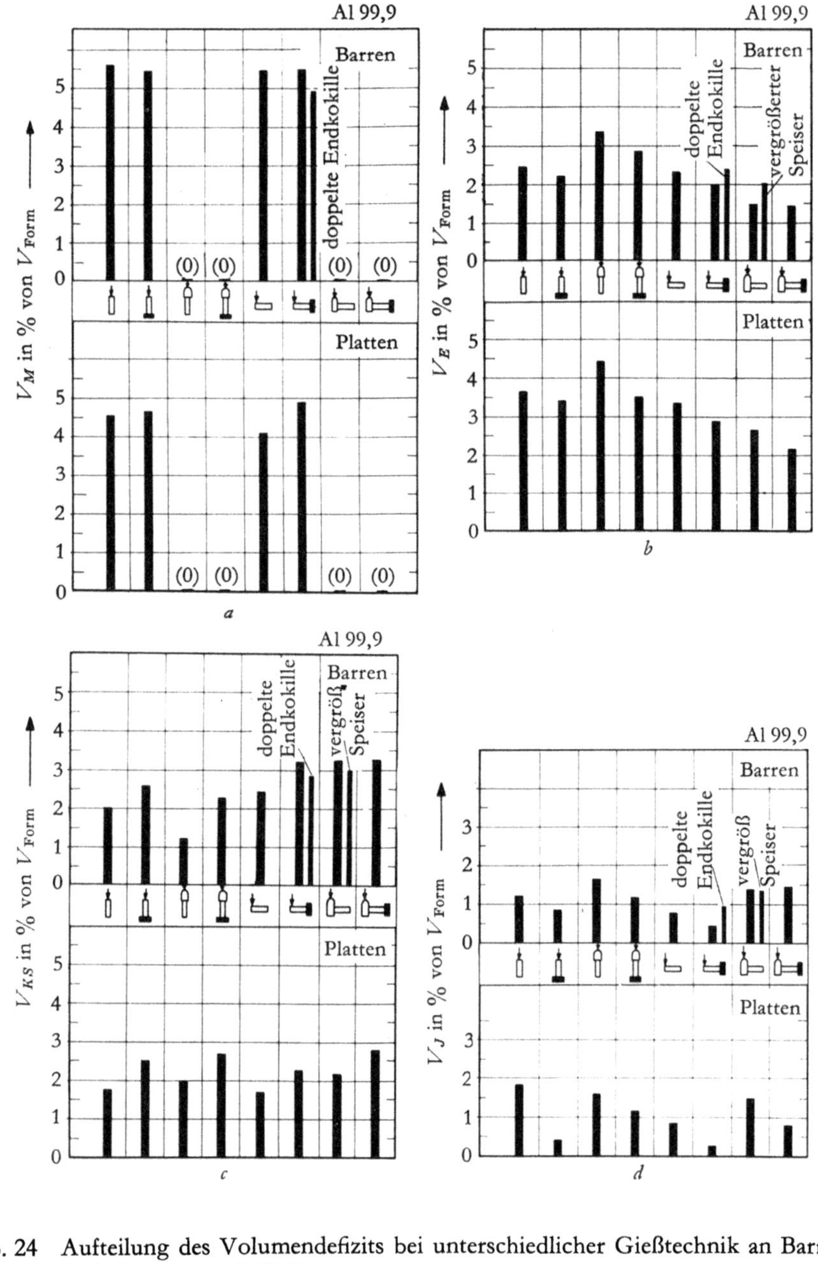

Abb. 24 Aufteilung des Volumendefizits bei unterschiedlicher Gießtechnik an Barren und Platten aus Al 99,9
a) Makrolunkervolumen
b) Einfallvolumen
c) kubische Schwindung
d) Innendefizit

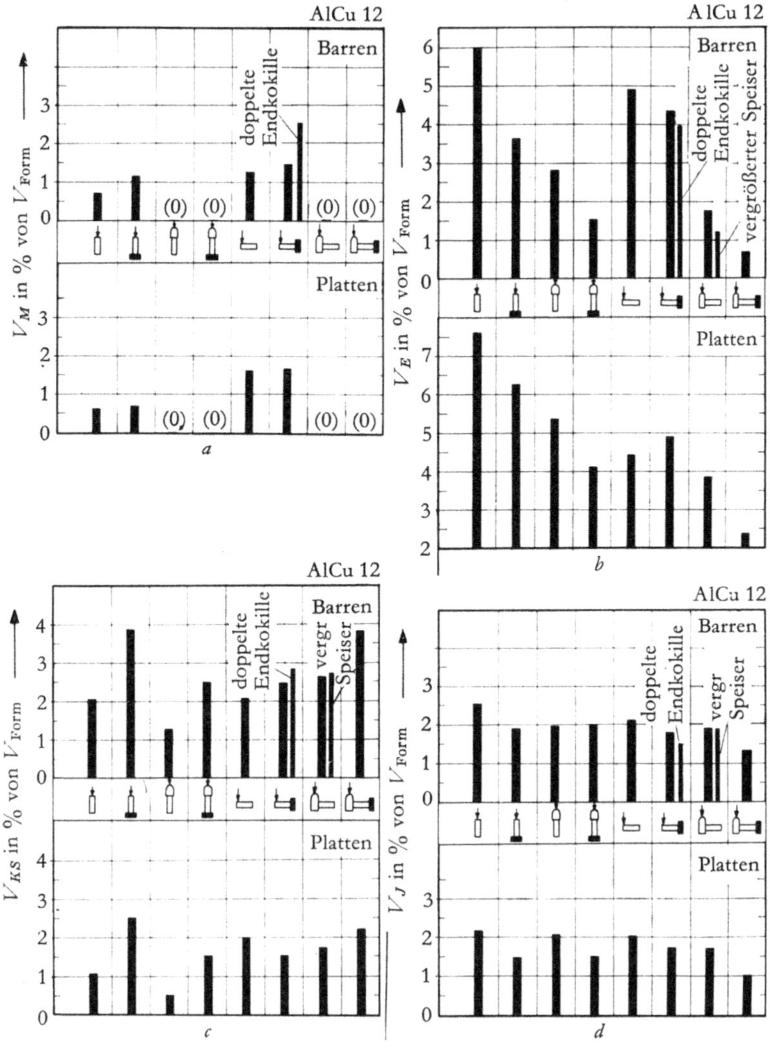

Abb. 25 Aufteilung des Volumendefizits bei unterschiedlicher Gießtechnik an Barren und Platten aus AlCu 12
a) Makrolunkervolumen
b) Einfallvolumen
c) kubische Schwindung
d) Innendefizit

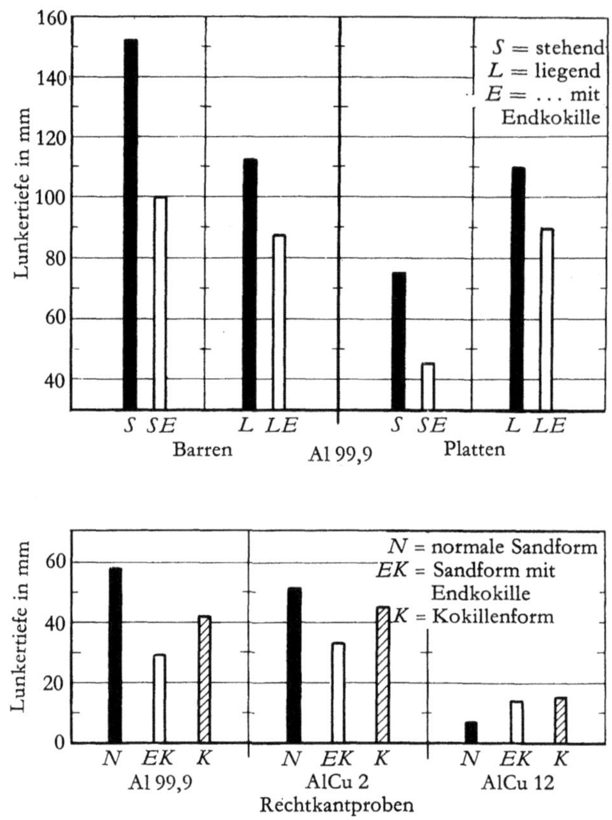

Abb. 26 Makrolunkertiefe an Platten, Barren und Rechtkantproben mit und ohne Endkokille

Lediglich durch Endkokillen wird – bei Platten stärker als bei Barren – eine leichte Verringerung des Innendefizits erreicht.

Die *Ausbildungsform* des Innendefizits wurde röntgenographisch untersucht. Dabei trat zutage, daß das Innendefizit bei Barren und Platten aus Al 99,9 im wesentlichen als Mittellinienlunker vorlag. Unterschiede in der *Größe* des Innendefizits, wie sie besonders bei der Anwendung von Endkokillen gemessen wurden, äußern sich als Unterschiede in der *Länge* des Mittellinienlunkers. Diese Tatsache entspricht der Aussage, daß die Länge der dichten Endzonen an Gußstücken durch Kokillen vergrößert wird.

Bei der Legierung AlCu 12 besteht das Innendefizit erwartungsgemäß aus über den ganzen Querschnitt verhältnismäßig gleichmäßig verteilter Schrumpfungsporosität. Der leichte Rückgang dieser Porosität bei Platten mit Endkokillen äußert sich in einer im ganzen feineren Ausbildung der Poren, ohne daß in ihrer räumlichen Verteilung eine merkbare Änderung zu beobachten ist.

In zwei zusätzlichen Versuchsreihen wurde der Einfluß eines um etwa 50% des berechneten Volumens vergrößerten Speisers (an liegenden Barren) und einer

Kühlkokille doppelter Dicke (an liegenden Barren ohne Speiser) untersucht. Die Ergebnisse sind ebenfalls in den Abb. 24 und 25 enthalten. Sie zeigen, daß durch den vergrößerten Speiser keine wesentliche Änderung in der Aufteilung des Volumendefizits eintritt. Eine Erhöhung der Abschreckwirkung durch Kokillen doppelter Wanddicke (bezeichnet als »doppelte Endkokille«) scheint dagegen die Wirkungen einfacher Kokillen leicht zu verstärken.
Die wichtigsten Auswirkungen unterschiedlicher Gießtechnik sind zusammengefaßt folgende:
Speiser verhindern die Bildung von Makrolunkern, sofern sie richtig berechnet sind. Außerdem drängen sie das Einfallen zurück. Auf die Größe der Schrumpfungsporosität haben sie jedoch keinen Einfluß.
Kühlkokillen vermindern das Einfallen und die Schrumpfungsporosität.
Liegendes Gießen führt weniger zum Einfallen als stehendes Gießen.

IV. Diskussion

Da die Meßergebnisse der *Größe* des Volumendefizits bereits erörtert worden sind, soll hier ausschließlich die *Aufteilung* des des Volumendefizits diskutiert werden. Zu diesem Zweck werden zunächst folgende Thesen aufgestellt:

1. Eine frühzeitig gebildete Randschale ausreichender Tragfähigkeit ist die Voraussetzung für die bevorzugte Bildung von Makrolunkern.
2. Nachgiebige Randschalen begünstigen die Bildung von Einfallstellen.
3. Geringes Speisungsvermögen führt zur Entstehung von Schrumpfungsporen.

Zu 1: Während das Speisungsvermögen erstarrender Metalle unter bestimmten Voraussetzungen vergleichend gemessen werden kann [12], ist die Messung der Tragfähigkeit der Randschale mit großen Schwierigkeiten verbunden. Eine rechnerische Behandlung des Problems im Sinne der Festigkeitslehre erscheint ebenfalls im Augenblick noch unmöglich. So ist man gezwungen, die Tragfähigkeit der Randschale zunächst aus Rückschlüssen abzuleiten. Ein Vergleich der gemessenen Werte des Makrolunkervolumens bei Sand- und Kokillenguß (Abb. 12 und 13) mit der in Abb. 27 dargestellten mutmaßlichen Neigung zur Bildung einer tragfähigen Randschale zeigt, daß beide Eigenschaften in Abhängigkeit vom Kupfergehalt qualitativ parallel verlaufen. Für Sandgußverhältnisse ist also nur bei glattwandiger und in geringerem Maße bei rauhwandiger Erstarrung mit einer zur bevorzugten Makrolunkerbildung genügend starren Randschale zu rechnen. Die stärkere Neigung zur Makrolunkerbildung bei Kokillenguß beruht auf der Zunahme der Tragfähigkeit der Randschale gegenüber Sandguß. Diese Zunahme wird bewirkt durch eine Verengung des Erstarrungsbereiches. Bei den exogenen

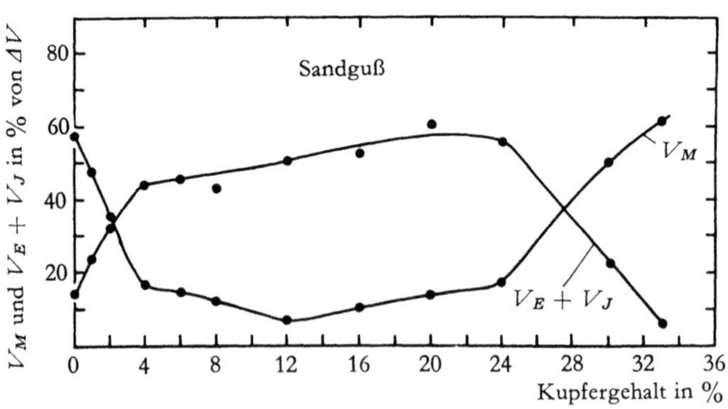

Abb. 27 Speisungsvermögen und Neigung zur Bildung einer tragfähigen Randschale bei Aluminium-Kupfer-Legierungen (schematisch)

Erstarrungstypen bedeutet das eine Verschiebung des Erstarrungsverhaltens in der Richtung schwammartige – rauhwandige – glattwandige Erstarrung, bei den endogenen Typen den Übergang von der breiartigen zur schalenbildenden Erstarrung.
Zu 2: Mit fallender Tragfähigkeit, also zunehmender Nachgiebigkeit der Randschale, ist eine Abnahme des Makrolunkervolumens und eine Zunahme des Einfallvolumens verbunden. Diese beiden gegenläufigen Tendenzen sind in ausgeprägtem Maße in den Abb. 12 und 13 zu verfolgen. Die besten Voraussetzungen für die Bildung von Einfallstellen bieten die Erstarrungstypen, die am wenigsten zur Schalenbildung führen, also breiartige und schwammartige Erstarrung.
Zu 3: Die größte Bereitschaft zur Porenbildung ist bei den Erstarrungsbedingungen anzutreffen, die ein geringes Speisungsvermögen des Metalls verursachen. Diese Bedingungen liegen besonders bei schwammartigem und breiartigem Erstarrungsablauf vor. Das relative Speisungsvermögen in Abhängigkeit vom Kupfergehalt ist in Abb. 27 dargestellt. Der Verlauf des Innendefizits bei den in Sand und Kokille gegossenen Rechtkantproben ist etwa spiegelbildlich.
Auffällig ist, daß dieselben Typen des Erstarrungsablaufs, nämlich schwammartige und breiartige Erstarrung, die die Bildung von Einfallstellen begünstigen, auch für die Entstehung von Schrumpfungsporen verantwortlich sind, wenn auch der Entstehungsmechanismus beider Volumenfehlerarten durchaus unterschiedlich ist. Da die Aufteilung des Volumendefizits ein Spiegel des Erstarrungsablaufs ist, sollten sich Einfallvolumen und Innendefizits stets gleichsinnig ändern, wie es in den Versuchsergebnissen auch zum Ausdruck kommt.
Um das Gesamtergebnis zu vereinheitlichen, sind in den Abb. 28 und 29 Makrolunkervolumen und die Summe von Einfallvolumen und Innendefizit gegen den Kupfergehalt auftragen. Es zeigen sich klar ausgeprägte gegenläufige Tendenzen, die in Verbindung mit Abb. 27 zu der knappen Formel zusammengefaßt werden können:

> Die Neigung zur Bildung tragfähiger Randschalen ist direkt proportional der Neigung zur Bildung von Makrolunkern. Mit steigender Nachgiebigkeit der Randschale, die wieder durch die dafür verantwortliche Art der Erstarrung direkt mit abnehmendem Speisungsvermögen gekoppelt ist, wächst die Neigung zur Bildung von Einfallstellen und Schrumpfungsporen im gleichen Verhältnis.

Daraus folgt, daß unter Bedingungen, die zu einem völlig gleichartigen Erstarrungsablauf führen, auch mit einer gleichartigen Aufteilung des Volumendefizits trotz unterschiedlicher Größe des Gesamt-Volumenfehlbetrages zu rechnen ist. Solche praktisch gleichartige Aufteilung des Volumendefizits findet sich beispielsweise in Sandguß bei den glattwandig erstarrenden Legierungen Al 99,99 und AlCu 33, in Kokillenguß bei den Legierungen von 0 bis 4% und von 30 bis 33% Cu.
Der Einfluß der Legierung und der Abkühlungsbedingungen ist bereits an Hand der zusammenfassenden Formel erörtert worden. Von den weiteren untersuchten Einflüssen bewirkt eine *Kornfeinung* durch Erhöhung der Zahl der Fremdteilchen

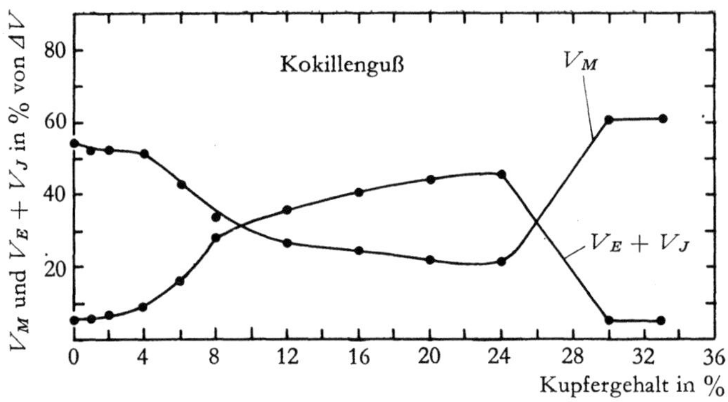

Abb. 28 Makrolunkervolumen sowie Einfallvolumen zuzüglich Innendefizit in Abhängigkeit vom Kupfergehalt (Sandguß)

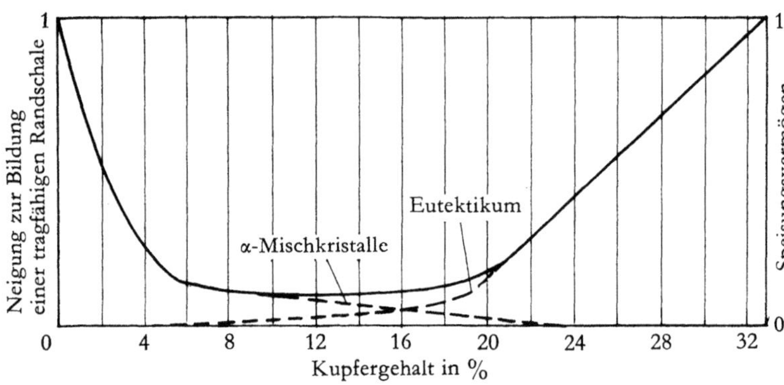

Abb. 29 Makrolunkervolumen sowie Einfallvolumen zuzüglich Innendefizit in Abhängigkeit vom Kupfergehalt (Kokillenguß)

grundsätzlich endogene Kristallisation mit breitem Erstarrungsbereich, also breiförmige Erstarrung. Damit ist eine Zunahme von Einfallstellen und Schrumpfungsporen auf Kosten des Makrolunkers verbunden. Allerdings werden die Schrumpfungsporen über größere Bereiche des Querschnitts verteilt, was ebenfalls in den Versuchsergebnissen zum Ausdruck kommt.
Bei Änderung der *Gießtemperatur* war keine wesentliche Änderung der Aufteilung des Volumendefizits gefunden worden. Anscheinend sind die Wirkungen unterschiedlicher Gießtemperatur im Bereich von 30° bis 100° C über Liquidus auf den Erstarrungsablauf gering.
Bei einer Erhöhung der *Füllzeit* sind die beiden gegenläufigen Tendenzen der Volumenfehlergrößen – leicht abnehmendes Makrolunkervolumen und entsprechende Zunahme von Einfallvolumen und Innendefizit – ebenso beobachtet worden. Man muß daher schließen, daß durch langsames Gießen die Tragfähigkeit der Randschale verringert wird. Es ist denkbar, daß die Bildung der Randschale bei längerer Gießzeit durch die Spülwirkung des Gießstrahls beeinträchtigt wird.

Außerdem können sich die oberen Bereiche des Formhohlraumes durch die längere Einwirkung der Strahlung beim langsamen Gießen stärker aufheizen, wodurch die gesamte Erstarrung etwas verzögert wird.
Der Einfluß der *geometrischen* Form der Probekörper besteht in einer Zunahme von Einfallvolumen und Innendefizit in Richtung auf die gestreckten Körper. Aus statischen Gründen wird die Tragfähigkeit der Randschale bei kompakten und gewölbten Körpern größer sein als bei gestreckten und flächigen Gebilden.
Durch *Speiser* wird die Erstarrungszeit von Gußstücken erhöht; die Bildung einer tragfähigen Randschale wird dadurch verlangsamt. Damit könnte eine für die Speisung ungünstige Verbreiterung des Erstarrungsbereiches einhergehen. Andererseits erhöhen Speiser durch ihre Druckwirkung (atmosphärischer und metallostatischer Druck) den Widerstand der Randschale gegen Verformung. In den besprochenen Versuchen scheint besonders bei der Legierung AlCu 12 die Druckwirkung zu überwiegen, wodurch das Einfallen zurückgedrängt wird. Das Speisungsvermögen wird durch Speiser dagegen nicht verbessert. Infolgedessen kann ein positiver Einfluß auf die Schrumpfungsporosität nicht erwartet werden, wie die Versuche auch gezeigt haben.
Kühlkokillen fördern die Schalenbildung und das Speisungsvermögen. Dadurch werden Einfallvolumen und Innendefizit herabgesetzt. Allerdings ist diese Wirkung räumlich beschränkt. Bei langen Körpern wird sie kaum bis an das entgegengesetzte Ende des Stückes reichen, wo der Makrolunker entstehen wird. Durch die Änderung des Temperaturfeldes ist dann allenfalls mit einer Verminderung der Lunkertiefe zu rechnen.
Für den Einfluß der *Gießart* auf das Einfallvolumen scheinen geometrische Gründe verantwortlich zu sein. Die Abnahme des Einfallvolumens beim liegenden Gießen ist wohl darauf zurückzuführen, daß sich die Unterseite des Gußkörpers unter dem Einfluß der Schwerkraft glatt auf die Formwand legt und die Oberseite eher als Ganzes nach unten absinkt.
Die Versuchsergebnisse bestätigen die eingangs theoretisch abgeleiteten Folgerungen über die Größe und Aufteilung des Volumendefizits. Ihr Vorzug liegt in der Bereitstellung von Meßwerten über das Ausmaß der erwarteten Wirkungen sowie in der Entscheidung über den jeweils durchschlagenden Einfluß beim Vorhandensein mehrerer einander überlagernder Einflüsse.
Die Übertragbarkeit der mitgeteilten Versuchsergebnisse auf andere Körper, insbesondere reale Gußstücke, ist quantitativ jedoch nicht gewährleistet, wie bei der Besprechung des Einflusses der geometrischen Form auf die Aufteilung des Volumendefizits zum Ausdruck kam. Der Sinn der Versuche bestand u. a. auch darin, diese Unmöglichkeit aufzuzeigen. Anderseits lassen sich die Gesetzmäßigkeiten, welche die Größe und Aufteilung des Volumendefizits an *einem* Gußkörper regeln, qualitativ ohne weiteres auf andere Körper übertragen, da sie in der Natur des Erstarrungsablaufs begründet sind und damit verallgemeinert werden können.

V. Zusammenfassung

Bei Legierungen des Systems Aluminium-Kupfer werden quantitative Meßergebnisse der Größe und Aufteilung des beim Erstarren und Erkalten auftretenden Volumendefizits an verschiedenen Gußkörpern unter einer Reihe von Einflußgrößen mitgeteilt.
Die Größe des Volumendefizits ist ein Stoffwert, der durch Legierung und Gießtemperatur festgelegt wird. Der am Stück meßbare Gesamt-Volumenfehlbetrag wird durch die Wirkungen von Vorkontraktion, Nachgießen, Nachspeisen sowie der thermischen Ausdehnung der Form modifiziert.
Die Aufteilung des Volumendefizits richtet sich nach der Tragfähigkeit der Randschale und dem Speisungsvermögen, d. h. nach technologischen Bedingungen. Hohe Tragfähigkeit der Randschale und gutes Speisungsvermögen sind geknüpft an glattwandige, rauhwandige und endogen-schalenbildende Erstarrung. Geringe Tragfähigkeit der Randschale und niedriges Speisungsvermögen werden bedingt durch schwammartige und breiartige Erstarrung. Makrolunker werden begünstigt, wenn sich frühzeitig eine solche tragfähige Randschale ausbildet. Nachgiebige Randschalen und damit gekoppeltes geringes Speisungsvermögen führen zur Entstehung von Einfallstellen und Schrumpfungsporen.

Literaturverzeichnis

[1] Gebhardt, E., M. Becker und St. Dorner, Aluminium 31 (1955), S. 315–320.
[2] Aluminium-Taschenbuch, 11. Aufl., Düsseldorf 1955.
[3] Czikel, J., Freiberg. Forsch.-H., Abt. B, Nr. 30-I, 1958, S. 209–226.
[4] Scheil, E., Z. Metallkde. 32 (1940), S. 265–270.
[5] Namur, R., Fond. Belge 6 (1956), S. 89–122.
[6] Patterson, W., und W. Koppe, Gießerei, techn.-wiss. Beih., Nr. 27, 1960, S. 1463–1476.
[7] Bishop, H. F., F. A. Brandt und W. S. Pellini, Trans. Amer. Foundrym. Soc. 59 (1951), S. 435–447.
[8] Dorner, St., Dr.-Ing.-Diss., Techn. Hochschule Stuttgart 1953.
[9] Hidnert, P., und H. S. Krider, J. Res. nat. Bur. Stand. 48 (1952), S. 209–220.
[10] Gittus, J. H., J. Res. Developm. Brit. Cast Iron Res. Assoc. 5 (1954), S. 264–277.
[11] Patterson W., und R. Kümmerle, Gießerei, techn.-wiss. Beih., Nr. 26, 1959, S. 1403–1427.
[12] Patterson, W., und S. Engler, Gießerei 48 (1961), S. 633–638.
[13] Patterson, W., und S. Engler, Gießerei 49 (1962), S. 409–414.

FORSCHUNGSBERICHTE
DES LANDES NORDRHEIN-WESTFALEN

Herausgegeben im Auftrage des Ministerpräsidenten Dr. Franz Meyers
von Staatssekretär Prof. Dr. h. c. Dr.-Ing. E. h. Leo Brandt

HÜTTENWESEN · WERKSTOFFKUNDE

HEFT 4
Prof. Dr. med. Erich A. Müller und Dipl.-Ing. H. Spitzer, Max-Planck-Institut für Arbeitsphysiologie, Dortmund
Untersuchungen über die Hitzebelastung in Hüttenbetrieben
1952. 20 Seiten, 5 Abb., 1 Tabelle. DM 9,—

HEFT 48
Max-Planck-Institut für Eisenforschung, Düsseldorf
Spektrochemische Analyse der Gefügebestandteile in Stählen nach ihrer Isolierung
1953. 31 Seiten, 12 Abb., 5 Tabellen. DM 7,80

HEFT 49
Max-Planck-Institut für Eisenforschung, Düsseldorf
Untersuchungen über Ablauf der Desoxydation und die Bildung von Einschlüssen in Stählen
1953. 45 Seiten, 19 Abb., 3 Tabellen. Vergriffen

HEFT 50
Max-Planck-Institut für Eisenforschung, Düsseldorf
Flammenspektralanalytische Untersuchung der Ferritzusammensetzung in Stählen
1953. 34 Seiten, 15 Abb., 4 Tabellen. DM 8,60

HEFT 74
Max-Planck-Institut für Eisenforschung, Düsseldorf
Versuche zur Klärung des Umwandlungsverhaltens eines sonderkarbidbildenden Chromstahls
1954. 48 Seiten, 10 Abb. DM 14,—

HEFT 75
Max-Planck-Institut für Eisenforschung, Düsseldorf
Zeit-Temperatur-Umwandlungs-Schaubilder als Grundlage der Wärmebehandlung der Stähle
1954. 34 Seiten, 13 Abb. DM 8,70

HEFT 89
Verein Deutscher Ingenieure, Gleitlagerforschung, Düsseldorf, und Prof. Dr.-Ing. G. Vogelpohl, Göttingen
Versuche mit Preßstoff-Lagern für Walzwerke
1954. 57 Seiten, 34 Abb. Vergriffen

HEFT 96
Dr.-Ing. Paul Koch, Dortmund
Austritt von Exoelektronen aus Metalloberflächen unter Berücksichtigung der Verwendung des Effektes für die Materialprüfung
1954. 21 Seiten, 13 Abb. DM 7,—

HEFT 105
Dr.-Ing. Robert Meldau, Harsewinkel/Westf.
Auswertung von Gekörn – Analysen des Musterstaubes »Flugasche Fortuna I«
1955. 28 Seiten, 14 Abb. DM 8,50

HEFT 132
Prof. Dr. phil. nat. W. Seith, Münster
Über Diffusionserscheinungen in festen Metallen
1955. 27 Seiten, 19 Abb., 4 Tabellen. Vergriffen

HEFT 143
Prof. Dr. phil. Franz Wever, Dr. phil. Adolf Rose und Dipl.-Ing. W. Straßburg, Max-Planck-Institut für Eisenforschung, Düsseldorf
Härtbarkeit und Umwandlungsverhalten der Stähle
1955. 33 Seiten, 12 Abb., 3 Tabellen. Vergriffen

HEFT 153
Prof. Dr.phil. Franz Wever, Dr.-Ing. Wilhelm Anton Fischer und Dipl.-Ing. J. Engelbrecht, Düsseldorf
I. Die Reduktion sauerstoffhaltiger Eisenschmelzen im Hochvakuum mit Wasserstoff und Kohlenstoff
II. Einfluß geringer Sauerstoffgehalte auf das Gefüge und Alterungsverhalten von Reineisen
1955. 42 Seiten, 15 Abb., 2 Tabellen. DM 12,40

HEFT 154
Prof. Dr.-Ing. P. Bardenheuer und Dr.-Ing. Wilhelm Anton Fischer, Düsseldorf
Die Verschlackung von Titan aus Stahlschmelzen im sauren und basischen Hochfrequenzofen unter verschiedenen Schlacken
1955. 23 Seiten, 10 Abb., 1 Tabelle. DM 7,95

HEFT 162
Prof. Dr. phil. Franz Wever,
Prof. Dr. rer. techn. Albert Kochendörfer und
Dr.-Ing. Chr. Rohrbach, Max-Planck-Institut für Eisenforschung, Düsseldorf
Kennzeichnung der Sprödbruchneigung von Stählen durch Messung der Fließspannung, Reißspannung und Brucheinschnürung an dreiachsig beanspruchten Proben
1955. 46 Seiten, 26 Abb. DM 13,—

HEFT 170
Prof. Dr. phil. Franz Wever, Dr. phil. Adolf Rose und Dipl.-Ing. L. Rademacher, Max-Planck-Institut für Eisenforschung, Düsseldorf
Anwendung der Umwandlungsschaubilder auf Fragen der Werkstoffauswahl beim Schweißen und Flammhärten
1955. 51 Seiten, 25 Abb. DM 13,70

HEFT 205
Dr. Carl Schaarwächter, Laboratorium für Rostschutz und Oberflächentechnik, Düsseldorf
Über plastische Kupfer-Eisen-Phosphor-Legierungen
1956. 25 Seiten, 10 Abb., 10 Tabellen. DM 8,30

HEFT 227
Prof. Dr. phil. Franz Wever und Dr. Wolfgang Wepner, Max-Planck-Institut für Eisenforschung, Düsseldorf
Untersuchung der Alterungsneigung von weichen unlegierten Stählen durch Härteprüfung bei Temperaturen bis 300° C
1956. 24 Seiten, 20 Abb., 3 Tabellen. DM 7,95

HEFT 228
Prof. Dr. phil Franz Wever, Dr. phil. Walter Koch und Dr. rer. nat. Bernd Alexander Steinkopf, Max-Planck-Institut für Eisenforschung, Düsseldorf
Spektrochemische Grundlagen der Analyse von Gemischen aus Kohlenmonoxyd, Wasserstoff und Stickstoff
1956. 31 Seiten, 18 Abb., 1 Tabelle. DM 9,90

HEFT 229
Prof. Dr. phil. Franz Wever, Dr. phil Walter Koch und Dr.-Ing. Hanns Malissa, Max-Planck-Institut für Eisenforschung, Düsseldorf
Über die Anwendung disubstituierter Dithiocarbamate der analytischen Chemie
1955. 30 Seiten, 30 Abb., 5 Tabellen. DM 10,50

HEFT 230
Prof. Dr. phil. Franz Wever und
Dr. phil. Wolfgang Wepner, Max-Planck-Institut für Eisenforschung, Düsseldorf
Bestimmung kleiner Kohlenstoffgehalte im α-Eisen durch Dämpfungsmessung
1955. 19 Seiten, 5 Abb., 2 Tabellen. DM 7,70

HEFT 234
Dr.-Ing K. G. Speith und Dr.-Ing A. Bungeroth, Duisburg
Versuche zur Steigerung des Kokillen-Schluckvermögens beim Stranggießen von Stahl
1956. 15 Seiten, 5 Abb. DM 6,15

HEFT 244
Prof. Dr. phil. Franz Wever, Dr. phil. Walter Koch und Dr. Siegfried Eckhard, Max-Planck-Institut für Eisenforschung, Düsseldorf
Erfahrungen mit der spektrochemischen Analyse von Gefügebestandteilen des Stahles
1956. 22 Seiten, 8 Abb., 2 Tabellen. DM 7,80

HEFT 263
Prof. Dr. phil. Heinrich Lange und
Dipl.-Phys. Rudolf Kohlhaas, Institut für theoretische Physik der Universität Köln
Über die Wärmeleitfähigkeit von Stählen bei hohen Temperaturen: Teil I: Literaturbericht
1956. 37 Seiten, 26 Abb., 8 Tabellen. DM 10,70

HEFT 268
Prof. Dr.-Ing. G. Vogelpohl, VDI, Max-Planck-Institut für Strömungsforschung, Göttingen
Über die Tragfähigkeit von Gleitlagern und ihre Berechnung
1956. 66 Seiten, 24 Abb., 7 Tabellen. Vergriffen

HEFT 283
Prof. Dr.-phil Franz Wever und
Dr.-Ing. Werner Lueg, Max-Planck-Institut für Eisenforschung, Düsseldorf
Warmstauchversuche zur Ermittlung der Formänderungsfestigkeit von Gesenkschmiede-Stählen
1956. 31 Seiten, 19 Abb. DM 9,90

HEFT 288
Dr. phil Kurt Brücker-Steinkuhl, Düsseldorf
Anwendung mathematisch-statischer Verfahren in der Industrie
1956. 103 Seiten, 28 Abb., 14 Tabellen. Vergriffen

HEFT 290
Dr. rer. nat. Dietrich Horstmann, Max-Planck-Institut für Eisenforschung, Düsseldorf
I. Der verstärkte Angriff des Zinks auf Eisen im Temperaturgebiet um 500° C
II. Einfluß eines Antimongehaltes auf den Angriff von Zinkschmelzen auf Eisen
1956. 36 Seiten, 33 Abb., 3 Tabellen. DM 11,90

HEFT 291
Dr.-Ing. Hans-Joachim Wiester und
Dr. rer. nat. Dietrich Horstmann, Max-Planck-Institut für Eisenforschung, Düsseldorf
Der Angriff eisengesättigter Zinkschmelzen auf silizium- und manganhaltiges Eisen
1956. 40 Seiten, 45 Abb., 8 Tabellen. DM 12,60

HEFT 311
Prof. Dr. phil. Franz Wever und
Dr. phil. nat. Max Hempel, Düsseldorf
Dauerschwingfestigkeit von Stählen bei erhöhten Temperaturen
Teil I: Erkenntnisse aus bisherigen Dauerschwingversuchen in der Wärme
1956. 36 Seiten, 19 Abb., 2 Tabellen. DM 10,90

HEFT 312
Prof. Dr. phil. Franz Wever und
Dr. phil. nat. Max Hempel, Max-Planck-Institut für Eisenforschung, Düsseldorf
Dauerschwingfestigkeit von Stählen bei erhöhten Temperaturen
Teil II: Zug-Druck-Dauerschwingversuche an zwei warmfesten Stählen bei Temperaturen von 500 bis 650° C
1956. 36 Seiten, 20 Abb., 3 Tabellen. DM 13,—

HEFT 313
Prof. Dr. phil. Franz Wever, Dr. phil. Walter Koch und Dipl.-Phys. Helga Rohde, Max-Planck-Institut für Eisenforschung, Düsseldorf
Änderungen des Habitus und der Gitterkonstanten des Zementits in Chromstählen bei verschiedenen Wärmebehandlungen
1956. 76 Seiten, 29 Abb., 8 Tabellen. DM 20,90

HEFT 314
Prof. Dr. phil. Franz Wever,
Dr.-Ing. habil. Alfred Krisch und
Dr.-Ing. Hans-Joachim Wiester, Max-Planck-Institut für Eisenforschung, Düsseldorf
Veränderungen im Gefügeaufbau von Chrom-Nickel-Molybdän-Stählen bei langzeitiger Beanspruchung im Zeitstandversuch bei 500°
1956. 35 Seiten, 26 Abb., 5 Tabellen. DM 11,70

HEFT 315
Prof. Dr. phil. Franz Wever und
Dr.-Ing. habil. Alfred Krisch, Max-Planck-Institut für Eisenforschung, Düsseldorf
Metallkundliche Untersuchungen an Zeitstandproben
1956. 25 Seiten, 12 Abb. DM 9,15

HEFT 336
Dr. phil. Tung-ping Yao, Gießerei-Institut der Rhein.-Westf. Technischen Hochschule Aachen
Die Viskosität metallischer Schmelzen
1956. 53 Seiten, 28 Abb., 2 Tabellen. DM 14,40

HEFT 342
Prof. Dr.-Ing. Helmut Winterhager und
Dipl.-Ing. Wolfgang Barthel, Aachen
Die Gewinnung von Titan-Schlacken-Konzentraten aus eisenreichen Ilmeniten
1956. 47 Seiten, 30 Abb., 6 Tabellen. DM 13,30

HEFT 348
Prof. Dr.-Ing. Eugen Piwowarsky † und
Dr.-Ing. Ernst Günter Nickel, Gießerei-Institut der Rhein.-Westf. Technischen Hochschule Aachen
Metallurgie eines hochwertigen Gußeisens mit kompakter bis kugelförmiger Graphitausbildung
1956. 46 Seiten, 27 Abb., 5 Tabellen. DM 13,30

HEFT 349
Dr.-Ing. Wilhelm-Anton Fischer,
Dr.-Ing. Helmut Treppschuh und
Dr.-Ing. Karl Heinz Köthemann, Max-Planck-Institut für Eisenforschung, Düsseldorf
Tiegel aus Schmelzmagnesia für Vakuuminduktionsöfen
1957. 23 Seiten, 14 Abb. DM 8,40

HEFT 367
Dr. rer. nat. Dietrich Horstmann, Max-Planck-Institut für Eisenforschung, Düsseldorf
Der Angriff eisengesättigter Zinkschmelzen auf kohlenstoff-, schwefel- und phosphorhaltiges Eisen
1957. 42 Seiten, 22 Abb., 6 Tabellen. DM 12,85

HEFT 392
Prof. Dr. phil. Franz Wever,
Dr. phil. Walter Koch, Düsseldorf,
Dr.-Ing. Helmut Knüppel,
Dr. rer. nat. Bernd Alexander Steinkopf,
Dipl.-Ing. Karl Ernst Mayer und
Dipl.-Phys. Gert Wiethoff, Dortmund
Untersuchungen über den Konverterrauch im Hinblick auf die spektrale Überwachung des Thomasprozesses
1957. 36 Seiten, 14 Abb., 4 Tabellen. DM 12,10

HEFT 407
Prof. Dr.-Ing. Dr.-Ing. E. h. Hermann Schenk, Aachen und Dr.-Ing. Werner Wenzel, Bad Godesberg
Entwicklungsarbeiten auf dem Gebiete der Verhüttung von Erzstaub in Schmelzkammern
1957. 71 Seiten, 9 Abb., 18 Tabellen. DM 17,10

HEFT 408
Prof. Dr. phil. Franz Wever, Dr.-Ing. Werner Lueg und Dr.-Ing. Hans Günter Müller, Max-Planck-Institut für Eisenforschung, Düsseldorf
Kraft- und Arbeitsbedarf beim Warmscheren von Stahl in Abhängigkeit von Temperatur und Schnittgeschwindigkeit
1957. 33 Seiten, 15 Abb., 3 Tabellen. DM 11,35

HEFT 409
Prof. Dr. phil. Franz Wever,
Dr. phil. Walter Koch,
Dr. rer. nat. Christa Ilschner-Gensch und
Dipl.-Phys. Helga Rohde, Max-Planck-Institut für Eisenforschung, Düsseldorf
Das Auftreten eines kubischen Nitrids in aluminiumlegierten Stählen
1957. 26 Seiten, 12 Abb., 3 Tabellen. DM 10,10

HEFT 410
Prof. Dr. phil. Franz Wever,
Prof. Dr. rer. techn. Albert Kochendörfer,
Dr. phil. nat. Max Hempel und
Dipl.-Phys. Emil Hillenhagen, Max-Planck-Institut für Eisenforschung, Düsseldorf
Biegewechselversuche mit Flachproben aus Alpha-Eisen-Kristallen zur Bestimmung der Wechselfestigkeit und der Gleitspuren
1957. 100 Seiten, 58 Abb., 3 Tabellen. DM 30,—

HEFT 455
Dr.-Ing. Wilhelm Anton Fischer,
Dr.-Ing. Helmut Treppschuh und
Dipl.-Phys. Karl Heinz Köthemann, Max-Planck-Institut für Eisenforschung, Düsseldorf
Erschmelzung von Reinsteisen nach dem Kohlenstoffproduktionsverfahren und Kerbschlagzähigkeit-Temperatur-Kurven dieses Eisens
1957. 25 Seiten, 7 Abb., 6 Tabellen. DM 9,35

HEFT 456
Privatdozent Dr.-Ing. Karl Bungardt, Krefeld
Zeitstandversuche an austenitischen Stählen und Legierungen
1958. 23 Seiten und Anhang mit Abbildungen und Tafeln z. T. auf Falttafeln. DM 19,85

HEFT 457
Prof. Dr. phil. Franz Wever und
Dr. phil. Wolfgang Wepner, Max-Planck-Institut für Eisenforschung, Düsseldorf
Dämpfungsmessungen an schwach gereckten Eisen-Kohlenstoff-Legierungen
1957. 22 Seiten, 7 Abb., 3 Tabellen. DM 8,40

HEFT 458
Prof.-Ing. Dr.-Ing. E. h. Hermann Schenk und
Dr.-Ing. Eugen Schmidtmann, Aachen,
Dr.-Ing. Hans Kosmider, Dr.-Ing. Herbert Neuhaus und Dr.-Ing. Alfred Krüger, Haspe
Das Frischen von Thomas-Roheisen mit Sauerstoff-Wasserdampf-Gemischen und die Eigenschaften der damit erblasenen Stähle
1957. 50 Seiten, 56 Abb. DM 16,35

HEFT 459
Prof. Dr. phil. Franz Wever,
Dr. phil. Otto Krisement und Hanna Schädler, Max-Planck-Institut für Eisenforschung, Düsseldorf
Ein isothermes Mikrokalorimeter zur kinetischen Messung von Umwandlungs- und Ausscheidungsvorgängen in Legierungen
1957. 31 Seiten, 14 Abb. DM 10,75

HEFT 460
Prof. Dr. phil. Franz Wever und
Dr. rer. nat. Bernhard Ilschner, Max-Planck-Institut für Eisenforschung, Düsseldorf
Ein isothermes Lösungskalorimeter zur Bestimmung thermo-dynamischer Zustandsgrößen von Legierungen
1957. 31 Seiten, 7 Abb., 4 Tabellen. DM 10,40

HEFT 461
Prof. Dr.-Ing. habil. Eugen Piwowarsky †
Prof. Dr.-Ing. Wilhelm Patterson und
Dipl.-Ing. Friedrich Wilhelm Iske, Gießerei-Institut der Rhein.-Westf. Technischen Hochschule Aachen
Verbesserung der Zähigkeitseigenschaften von Bessemer-Stahlguß
1957. 41 Seiten, 15 Abb., 16 Tabellen. DM 12,75

HEFT 492
Prof. Dr. phil. Josef Meixner und
Dr. rer. nat. Bruno Manz, Institut für theoretische Physik der Rhein.-Westf. Technischen Hochschule Aachen
Zur Theorie der irreversiblen Prozesse in α-Eisen
1958. 10 Seiten, 1 Abb. DM 5,70

HEFT 519
Prof. Dr. phil. Franz Wever,
Dr. phil. Walter Koch und
Dr. phil. Siegfried Eckhard, Max-Planck-Institut für Eisenforschung, Düsseldorf
Die spektrographische Bestimmung der Spurenelemente in Stahl ohne vorherige Abbrennung
1958. 36 Seiten, 22 Abb. DM 12,60

HEFT 542
Dr. phil. nat. Gerhard Zapf, Schwelm
Entwicklung eines Verfahrens zur Herstellung von Formteilen aus Sintermessing
1958. 43 Seiten, 23 Abb., 7 Tabellen. DM 15,15

HEFT 552
Dr.-Ing. Gerhard Leiber und
Dipl.-Ing. Dieter Schauwinhold, Duisburg-Hamborn
Versuche zur Erzeugung halbberuhigten Stahles
1958. 28 Seiten, 23 Abb., 6 Tabellen. DM 11,30

HEFT 562
Prof. Dr.-Ing. Dr.-Ing. E. h. Hermann Schenck,
Prof. Dr. phil. habil. Norbert G. Schmahl und
Dr.-Ing. Götz Funke, Institut für Eisenhüttenwesen der Rhein.-Westf. Technischen Hochschule Aachen
Die Reduzierbarkeit von Eisenerzen
1958. 101 Seiten, 89 Abb., 10 Tabellen. DM 29,25

HEFT 573
Prof. Dr. phil. Franz Wever,
Dr. rer. nat. Werner Jellinghaus und
Dr.-Ing. Toshimori Shuin, Max-Planck-Institut für Eisenforschung, Düsseldorf
Gemischt-keramische Sinterwerkstoffe aus Aluminiumoxyd und Eisen oder Eisenlegierungen
1958. 76 Seiten, 39 Abb., 17 Tabellen. DM 22,65

HEFT 586
Dr.-Ing. Wilhelm Anton Fischer und
Dr. rer. nat. Alfred Hoffmann, Max-Planck-Institut für Eisenforschung, Düsseldorf
Verhalten von Eisen- und Stahlschmelzen im Hochvakuum
1958. 41 Seiten, 10 Abb., 13 Tabellen. DM 14,50

HEFT 597

Prof. Dr. phil. Franz Wever, Dr. phil. Wilhelm Wink und Dr. rer. nat. Werner Jellinghaus, Max-Planck-Institut für Eisenforschung, Düsseldorf

Suszeptibilitätsmessungen an hochwarmfesten Legierungen auf Nickel-Chrom- und Kobalt-Nickel-Chrom-Grundlage

1958. 34 Seiten, 10 Abb., 5 Tabellen. DM 12,—

HEFT 599

Prof. Dr. phil. Walter Koch und Dipl.-Phys. Dr. phil. Heinz Sundermann, Max-Planck-Institut für Eisenforschung, Düsseldorf

Elektrochemische Grundlagen der Isolierung von Gefügebestandteilen in metallischen Werkstoffen

1958. 50 Seiten, 26 Abb., 2 Tabellen. DM 17,60

HEFT 600

Prof. Dr. phil. Walter Koch, Dr. phil. Siegfried Eckhard und Dr. rer. nat. Friedrich Stricker, Max-Planck-Institut für Eisenforschung, Düsseldorf

Die lichtelektrische Spektralanalyse der Gase im Stahl

1958. 53 Seiten, 27 Abb., 9 Tabellen. DM 15,10

HEFT 620

Dr. rer. nat. Dietrich Horstmann, Max-Planck-Institut für Eisenforschung und Gemeinschaftsausschuß Verzinken, Düsseldorf

Der Einfluß von Aluminium im Eisen- und im Zinkbad auf den Zinkangriff

1958. 29 Seiten, 17 Abb., 3 Tabellen. DM 9,40

HEFT 628

Dipl.-Ing. Walter Panknin und Dipl.-Ing. Wolfgang Möhrlin, Verein Deutscher Ingenieure ADB, Düsseldorf

Die Ermittlung der Fließkurven von Schraubenwerkstoffen *1958. 20 Seiten, 8 Abb. DM 6,40*

HEFT 630

Prof. Dr. phil. Walter Koch und Dr. techn. Dipl.-Ing. Hanns Malissa, Max-Planck-Institut für Eisenforschung, Düsseldorf

Beiträge zur Spurenanalyse im Reinsteisen

1958. 25 Seiten, 8 Tabellen. DM 7,60

HEFT 644

Prof. Dr.-Ing. Franz Bollenrath, Institut für Werkstoffkunde an der Rhein.-Westf. Technischen Hochschule Aachen

Untersuchung einiger mechanischer Eigenschaften von Sinteraluminium S. A. P. und S. A. P.-Avional

1958. 24 Seiten, 26 Abb. DM 8,10

HEFT 697

Prof. Dr.-Ing. Theodor Gast, Dr.-Ing. Karl-Max Frhr. v. Meysenburg und Prof. Dr.-Ing. Otto Krischer, Technische Hochschule Darmstadt

Untersuchung über die Erwärmungsvorgänge bei der Verarbeitung härtbarer und thermoplastischer Kunststoffe

1959. 91 Seiten, 34 Abb., 4 Tabellen. DM 16,90

HEFT 706

Prof. Dr.-Ing. Dr.-Ing. E. h. Hermann Schenck und Dr.-Ing. Hans Esch, Institut für Eisenhüttenwesen der Rhein.-Westf. Technischen Hochschule Aachen

Zur Untersuchung der Hochofenvorgänge

1959. 32 Seiten, 23 Abb. DM 9,90

HEFT 737

Prof. Dr.-Ing. habil. Karl Krekeler, Dr.-Ing. Heinz Peukert und Dipl.-Ing. Josef Eilers, Institut für Kunststoffverarbeitung an der Rhein.-Westf. Technischen Hochschule Aachen

Festigkeitsuntersuchungen an Rohren aus Thermoplasten

1959. 66 Seiten, 84 Abb. DM 19,40

HEFT 748

Prof. Dr. phil. nat. habil. Hans-Ernst Schwiete, Dr.-Ing. Harald Knoblauch und Dr. rer. nat. Günther Ziegler, Institut für Gesteinshüttenkunde der Rhein.-Westf. Technischen Hochschule Aachen

Die Hydratation der Verbindungen 3 CaO · SiO_2 und ß-2 CaO · SiO_2

1959. 56 Seiten, 22 Abb., 14 Tabellen. DM 15,70

HEFT 780

Prof. Dr. phil. Franz Wever, Dr.-Ing. Werner Lueg und Dr.-Ing. Paul Funke, Max-Planck-Institut für Eisenforschung, Düsseldorf

Untersuchung von Walzöl und Walzölemulsionen im Kaltwalzversuch

1959. 68 Seiten, 28 Abb., mehr. Tabellen. DM 18,50

HEFT 788

Prof. Dr.-Ing. Herwart Opitz, Laboratorium für Werkzeugmaschinen und Betriebslehre an der Rhein.-Westf. Technischen Hochschule Aachen

Der Einsatz radioaktiver Isotope bei Zerspanungsuntersuchungen

1959. 35 Seiten, 23 Abb. DM 11,30

HEFT 797

Prof. Dr. phil. Heinrich Lange und Dr. rer. nat. Rudolf Kohlhaas, Institut für theoretische Physik der Universität Köln

Über die wahre spezifische Wärme von Eisen, Nickel und Chrom bei hohen Temperaturen

Neue Verfahren zur Messung der wahren spezifischen Wärme von Metallen bei hohen Temperaturen

1960. 115 Seiten, 38 Abb., 24 Tabellen. DM 31,20

HEFT 798

Dr. rer. nat. Karl Wassmann, Mönchengladbach

Einfluß der Schutzgasatmosphäre auf die Eigenschaften von Sinterstahl

1959. 94 Seiten, 65 Abb., 19 Tabellen. DM 27,—

HEFT 799

Dipl.-Ing. Helmut Weiss, Frankfurt a. M.

Aufkohlung und Härtung von Sintereisen-Werkstoffen

1960. 61 Seiten, 56 Abb., 2 Tabellen. DM 18,80

HEFT 800
Dipl.-Ing. Otto Schindler, Lehrstuhl für Stahlbau, Technische Hochschule Hannover
Untersuchungen an geschweißten Hüttenkranen
Ein Beitrag zur Berechnung dünnwandiger Hohlkästen
1959. 46 Seiten, 14 Abb., 2 Tabellen. DM 13,20

HEFT 801
Baurat Dipl.-Ing. Waldemar Gesell, Staatliche Ingenieurschule für Maschinenwesen, Duisburg
Ersatz von Quarzsand als Strahlmittel
1960. 66 Seiten, 12 Abb., 4 Tabellen. 17 Diagramme. DM 18,90

HEFT 833
Prof. Dr.-Ing. Helmut Winterhager und Dr.-Ing. Dan Hubert Hermes, Institut für Metallhüttenwesen und Elektrometallurgie der Rhein.-Westf. Technischen Hochschule Aachen
Anodennebenreaktionen bei der Silberraffinationselektrolyse
1960. 55 Seiten, 21 Abb., 10 Tabellen. DM 15,60

HEFT 834
Prof. Dr.-Ing. Helmut Winterhager und Dr.-Ing. Klaus Reiprich, Institut für Metallhüttenwesen und Elektrometallurgie der Rhein.-Westf. Technischen Hochschule Aachen
Studie über den Glänzabbau des Reinstaluminiums in Flußsäure enthaltenden chemischen Glänzbädern
1960. 92 Seiten, 88 Abb., 7 Tabellen. DM 27,30

HEFT 840
Prof. Dr. phil. Franz Wever, Dr.-Ing. Hans-Günter Müller und Dr.-Ing. Paul Funke, Max-Planck-Institut für Eisenforschung, Düsseldorf
Versuchsmäßige und rechnerische Bestimmung von Walzkraft und Drehmoment unter Einwirkung von Bandzugspannungen beim Kaltwalzen von Bandstahl
1960. 36 Seiten, 12 Abb., 3 Tafeln. DM 10,90

HEFT 841
Dr. rer. nat. Hubert Blanck, Max-Planck-Institut für Eisenforschung, Düsseldorf
Untersuchungen zur Kinetik des Martensitzerfalls
1960. 33 Seiten, 11 Abb., 2 Tabellen. DM 10,30

HEFT 849
Direktor Ludwig Martin, Wuppertal-Elberfeld und Friedrich Steiner, Ratingen
Weiterentwicklung von Friktionswerkstoffen
1960. 66 Seiten, 70 Abb., 3 Tabellen. DM 20,50

HEFT 939
Prof. Dr.-Ing. habil. Wilhelm Petersen und Dipl.-Ing. Hans Mingenbach, Dozentur für Brikettierung der Rhein.-Westf. Technischen Hochschule Aachen
Untersuchungen über die Herstellung von Erzbriketts
1961. 83 Seiten, 67 Abb., 2 Tabellen. DM 25,60

HEFT 957
Prof. Dr.-Ing. Dr.-Ing. E. h. Hermann Schenck, Prof. Dr.-Ing. Eugen Schmidtmann und Dr.-Ing. Helmut Brandis, Institut für Eisenhüttenwesen der Rhein.-Westf. Technischen Hochschule Aachen
Mechanische und physikalische Prüfverfahren zur Ermittlung der Vorgänge bei der Abschreck- und Verformungsalterung
1961. 47 Seiten, 34 Abb. DM 14,90

HEFT 958
Prof. Dr.-Ing. Dr.-Ing. E. h. Hermann Schenck, Prof. Dr.-Ing. Eugen Schmidtmann und Dr.-Ing. Heinz Müller, Institut für Eisenhüttenwesen der Rhein.-Westf. Technischen Hochschule Aachen
Untersuchungen zur Isolierung von Einschlüssen und Korngrenzensubstanzen in Eisenwerkstoffen nach dem Dünnschliffverfahren. Innere Oxydation von Eisenlegierungen
1961. 50 Seiten, 33 Abb., 2 Tabellen. DM 15,90

HEFT 961
Prof. Dr.-Ing. Wilhelm Patterson und Dr.-Ing. Dietmar Boenisch, Gießerei-Institut der Rhein.-Westf. Technischen Hochschule Aachen
Eigenschaften und Eigenschaftsänderungen der Tonmineralien in Formsanden
1961. 33 Seiten, 16 Abb. DM 10,90

HEFT 962
Prof. Dr.-Ing. Wilhelm Patterson und Dr.-Ing. Philipp Schneider, Gießerei-Institut der Rhein.-Westf. Technischen Hochschule Aachen
Untersuchungen über die Oberflächenfeingestalt von Gußstücken
1961. 69 Seiten, 52 Abb., 1 Bildtafel. DM 20,80

HEFT 963
Prof. Dr.-Ing. Wilhelm Patterson und Dr.-Ing. Wilhelm Weskamp, Gießerei-Institut der Rhein.-Westf. Technischen Hochschule Aachen
Versuche zur Steigerung der Temperatur in der Schmelzzone des Kupolofens und zur Erzielung eines optimalen thermischen Wirkungsgrades durch Verwendung von HC-Koks in unterschiedlicher Stückgröße
1961. 87 Seiten, 29 Abb., 30 Tabellen. DM 28,30

HEFT 964
Prof. Dr.-Ing. Wilhelm Patterson und Dr.-Ing. Friedrich Iske, Gießerei-Institut der Rhein.-Westf. Technischen Hochschule Aachen
Zusammenhang zwischen den mechanischen Eigenschaften im Gußstück und im getrennt gegossenen Probestab
1961. 82 Seiten, 53 Abb., 13 Tabellen. DM 23,80

HEFT 968
Prof. Dr.-Ing. habil. Anton Königer †, Institut für Gießereikunde der Technischen Universität Berlin
Zur Kenntnis der Passivierbarkeit und Korrosionsbeständigkeit technischer Eisensorten
1961. 25 Seiten, 7 Abb., 8 Tabellen. DM 8,90

HEFT 969

Prof. Dr. phil. Erich Scheil, Düsseldorf

Über den Zustand von Metallschmelzen

1961. 37 Seiten, 23 Abb., 2 Tabellen. DM 11,90

HEFT 970

Prof. Dr.-Ing. Anton Königer † und

Dipl.-Ing. Günther Kuhl, Institut für Gießereikunde der Technischen Universität Berlin

Der Einfluß verschiedener Begleit- und Legierungselemente auf das Viskositätsverhalten von Gußeisenschmelzen

1961. 26 Seiten, 14 Abb., 6 Tabellen. DM 8,60

HEFT 1016

Dr. rer. nat. W. Jellinghaus, Max-Planck-Institut für Eisenforschung, Düsseldorf

Sinterwerkstoffe aus Nickel oder Nickelaluminid mit Aluminiumoxyd

1961. 33 Seiten, 22 Abb., 6 Tabellen. DM 13,50

HEFT 1057

Prof. Dr.-Ing. Dr.-Ing. E. h. Hermann Schenck, Dr.-Ing. Werner Wenzel und

Dr.-Ing. Hanns-Dieter Butzmann, Institut für Eisenhüttenwesen der Rhein.-Westf. Technischen Hochschule Aachen

Die Reduktion von Eisenerzen im heterogenen Wirbelbett

1961. 87 Seiten, 32 Abb., 5 Tabellen. DM 28,20

HEFT 1067

Prof. Dr.-Ing. Dr.-Ing. E. h. Hermann Schenck und Dr.-Ing. Klaus-Dieter Unger, Institut für Eisenhüttenwesen der Rhein.-Westf. Technischen Hochschule Aachen

Versuche zur Bestimmung von Verunreinigungen in Metallen; insbesondere von Oxyden und Oxydverbindungen in technischen Stählen

1962. 34 Seiten, 10 Abb., 3 Tabellen. DM 13,40

HEFT 1068

Prof. Dr.-Ing. Dr.-Ing. E. h. Hermann Schenck, Dr.-Ing. Werner Wenzel, Dr.-Ing. Günter Lindelar, Prof. Dr.-Ing. Rudolf Spolders und

Dr.-Ing. Hilmar Weidenmüller, Institut für Eisenhüttenwesen der Rhein.-Westf. Technischen Hochschule Aachen

Der Einfluß des Schwefels und der Kohlenoxydspaltung auf den Hochofenprozeß

1962. 222 Seiten, 99 Abb., 51 Tabellen. DM 49,50

HEFT 1083

Prof. Dr.-Ing. Franz Bollenrath und

Ahmed Ali Salem El-Sabbagh, Institut für Werkstoffkunde der Rhein.-Westf. Technischen Hochschule Aachen

Untersuchungen über die Warmfestigkeit von Hartlötverbindungen

1963. 80 Seiten, 88 Abb., 7 Tabellen. DM 59,40

HEFT 1092

Prof. Dr.-Ing. habil. Anton Königer † und

Dr.-Ing. Manfred Odendahl, Institut für Gießereikunde der Technischen Universität Berlin

Der Einfluß von Oxyden auf die Viskosität von reinen Eisen-Kohlenstoff-Silizium-Legierungen

1962. 23 Seiten, 9 Abb. DM 10,40

HEFT 1093

Dr.-Ing. Wolf Dieter Röpke und

Dr.-Ing. Abbas Sabé, Institut für Gießereikunde der Technischen Universität Berlin

Das Fließvermögen und die Warmrißneigung von Stahl mit besonderer Berücksichtigung des Einflusses von hohen Molybdängehalten

1962. 37 Seiten, 21 Abb., 4 Tabellen. DM 17,—

HEFT 1094

Prof. Dr.-Ing. habil. Anton Königer † und

Prof. Dr. phil. Emanuel Pfeil, Institut für Gießereikunde der Technischen Universität Berlin

Versuche zur Entwicklung von Korrosions-Prüfmethoden

1962. 23 Seiten, 7 Abb., 3 Tabellen. DM 10,80

HEFT 1113

Dr. rer. nat. Wolfgang Pitsch, Max-Planck-Institut für Eisenforschung, Düsseldorf

Die kristallographischen Eigenschaften der Nitridausscheidungen im α-Eisen

1962. 21 Seiten, 8 Abb., 3 Tabellen. DM 11,—

HEFT 1114

Dipl.-Chem. Dr. phil. Siegfried Eckhard und

Dipl.-Phys. Walter Baum, Max-Planck-Institut für Eisenforschung, Düsseldorf

Über ein physikalisches Verfahren zur Bestimmung des Wasserstoffs im ternären Gemisch mit Stickstoff und Kohlenmonoxyd

1962. 63 Seiten, 31 Abb. DM 39,80

HEFT 1122

Prof. Dr.-Ing. Dr.-Ing. E. h. Hermann Schenck, Dozent Dr.-Ing. Werner Wenzel und

Dr.-Ing. Günther Dietrich, Institut für Eisenhüttenwesen der Rhein.-Westf. Technischen Hochschule Aachen

Reaktionskinetische Betrachtung des Sintervorganges und Möglichkeiten zur Leistungssteigerung. Entwicklung eines Schachtsinterverfahrens

1962. 93 Seiten, 24 Abb., 5 Tabellen. DM 44,50

HEFT 1158

Dr.-Ing. habil. Alfred Krisch, Max-Planck-Institut für Eisenforschung, Düsseldorf

Über die Extrapolation von Zeitstandversuchen

1963. 31 Seiten, 13 Abb., 2 Tabellen. DM 17,50

HEFT 1190

Prof. Dr.-Ing. Max Vater und Dipl.-Ing. Otto Schulte, Institut für Bildsame Formgebung der Rhein.-Westf. Technischen Hochschule Aachen

Die Formänderungsfestigkeit von Metallen

In Vorbereitung

HEFT 1191

Prof. Dr.-Ing. habil. Anton Königer †,

Dr.-Ing. Manfred Odendahl und Eberhard Pahl, Institut für Gießereikunde der Technischen Universität Berlin

Über die Bildsamkeit von tongebundenen Formsanden

1963. 33 Seiten, 21 Abb., 4 Tabellen. DM 18,—

HEFT 1192
Prof. Dr.-Ing. habil. Anton Königer † und Dr.-Ing. Peter R. Sahm, Institut für Gießereikunde der Technischen Universität Berlin
Das Fließvermögen reiner und sauerstoffhaltiger Kupferschmelzen
1963. 47 Seiten, 38 Abb. 3 Tabellen. DM 31,80

HEFT 1193
Prof. Dr.-Ing. Helmut Winterhager und Dr.-Ing. Reinhard K. Buchner, Institut für Metallhüttenwesen und Elektrometallurgie der Rhein.-Westf. Technischen Hochschule Aachen
Beitrag zum experimentellen Problem der Messung schneller Elektrodenvorgänge
1963. 40 Seiten, 14 Abb. DM 17,—

HEFT 1194
Dr. rer. nat. Werner Jellinghaus, Max-Planck-Institut für Eisenforschung, Düsseldorf
Beiträge zur Konstitution metallischer Stoffe durch Suszeptibilitätsmessungen
1963. 25 Seiten, 8 Abb., 3 Tabellen. DM 14,—

HEFT 1253
Dipl.-Ing. Alfred Puck, Dipl.-Ing. Horst Wurtinger, Deutsches Kunststoffinstitut, Darmstadt
Werkstoffgemäße Dimensionierungs-Größen für den Entwurf von Bauteilen aus kunstharzgebundenen Glasfasern
Teil I und II
1963. 149 Seiten, 73 Abb., 8 Tabellen. DM 76,—

HEFT 1305
Dr. phil. Hermann Möller und Dipl.-Phys. Helmut Weeber, Max-Planck-Institut für Eisenforschung, Düsseldorf
Die Bildgüte bei der Durchstrahlung von Werkstoffen mit Röntgen- oder Gammastrahlen von 0,1 bis 31 MeV
1963. 69 Seiten, 40 Abb., 2 Tabellen. DM 32,90

HEFT 1344
Prof. Dr.-Ing. Dr.-Ing. E. h. Hermann Schenck, Dozent Dr.-Ing. Werner Wenzel, Dr.-Ing. Hans D. Kluger, Institut für Eisenhüttenwesen der Rhein.-Westf. Technischen Hochschule Aachen
Über das Reduktionsverhalten eisenoxydhaltiger Schlacken
1964. 91 Seiten, 60 Abb., 6 Tabellen im Anhang. DM 44,—

HEFT 1355
Dr.-Ing. habil. Alfred Krisch, Max-Planck-Institut für Eisenforschung, Düsseldorf
Kriechverhalten, Gefügeänderung und Risse bei mehrjährigen Zeitstandversuchen
1964. 27 Seiten, 17 Abb., 6 Tabellen. DM 14,80

HEFT 1379
Dr. phil. nat. Max Hempel, Max-Planck-Institut für Eisenforschung, Düsseldorf
Dauerschwingfestigkeit bei 20 und 500° C von Stählen mit niedrigem Kohlenstoffgehalt und verschiedenen Titan-Zusätzen
1964. 58 Seiten, 27 Abb., 12 Tabellen. DM 34,—

HEFT 1384
Dr. rer. nat. Hans-Jürgen Engell, Dr. rer. nat. Anton Bäumel und Dr. rer. nat. Konrad Bohnenkamp, Max-Planck-Institut für Eisenforschung, Düsseldorf
Die Spannungsrißkorrosion von Weicheisen in Kalzium-Nitratlösungen
1964. 46 Seiten, 27 Abb., 2 Tabellen. DM 25,50

HEFT 1385
Prof. Dr.-Ing. Helmut Winterhager und Dr.-Ing. Roland Kammel, Institut für Metallhüttenwesen und Elektrometallurgie der Rhein.-Westf. Technischen Hochschule Aachen
Über die elektrochemischen Grundlagen der Zinkchlorid-Schmelzflußelektrolyse
1964. 52 Seiten, 22 Abb., 24 Tabellen. DM 25,50

HEFT 1387
Dipl.-Chem. Wolfgang Werner, im Auftrage der Deutschen Industrie-Werke Aktiengesellschaft, Berlin-Spandau
Verbesserung der Eigenschaften von Sinterteilen durch Nachbehandlung (Oberflächenveredelung, Korrosionsschutz)
1964. 44 Seiten, 21 Abb., 16 Tabellen. DM 23,80

HEFT 1391
Dipl.-Phys. Dr. rer. nat. Ernst Wachtel und Dipl.-Phys. Erich Übelacker, Max-Planck-Institut für Metallforschung, Stuttgart, im Auftrage des Vereins Deutscher Gießereifachleute, Düsseldorf
Messung der Dichte und der magnetischen Suszeptibilität von Zinn–Zink-Legierungen
1964. 42 Seiten, 23 Abb., 4 Tabellen. DM 23,50

HEFT 1398
Prof. Dr.-Ing. Eberhard Schürmann und Dr.-Ing. Horst-Carsten Groth, Institut für Gießereiwesen der Bergakademie Clausthal, im Auftrage des Vereins Deutscher Gießereifachleute, Düsseldorf
Schmelzgleichgewichte im System Eisen–Schwefel–Kohlenstoff–Phosphor und Silizium bei 1400° C
1964. 31 Seiten, 6 Abb., 6 Tabellen. DM 15,50

HEFT 1403
Dr. phil. nat. Gerhard Zapf, Dipl.-Ing. Ulrich Völker und Ing. Rudolf Reinstadtler, im Auftrage der Forschungsgemeinschaft Pulvermetallurgie, Schwelm
Entwicklung von Fertigungsmethoden zur Erzeugung hochfester Sinterteile, Teil I und II
1965. 170 Seiten, 54 Abb., 13 Tabellen, 29 Auswertungstafeln, 55 Diagramme. DM 74,50

HEFT 1414
Prof. Dr. phil. Walter Koch, Dipl.-Phys. Helga Kolbe-Rohde und Dr. rer. nat. Jürgen Dittmann, Max-Planck-Institut für Eisenhüttenwesen der Rhein.-Westf. Technischen Hochschule Aachen
Untersuchungen zur Kinetik der Karbidbildung in Chromstählen
1964. 21 Seiten, 6 Abb., 4 Tabellen. DM 12,—

HEFT 1415
Prof. Dr.-Ing. Dr.-Ing. E. h. Hermann Schenck, Dozent Dr.-Ing. Werner Wenzel und Dr.-Ing. Trimbak Herwadkar, Institut für Eisenhüttenwesen der Rhein.-Westf. Technischen Hochschule Aachen
Stückigmachung von Feinerz auf dem Wanderrost in Gemischen mit Feinkohle
1964. 100 Seiten, 34 Abb., 21 Tabellen. DM 43,80

HEFT 1416
Prof. Dr.-Ing. Dr. h. c. Herwart Opitz und Dipl.-Ing. H. H. Bech, Laboratorium für Werkzeugmaschinen und Betriebslehre der Rhein.-Westf. Technischen Hochschule Aachen, im Auftrage des Vereins Deutscher Gießereifachleute, Düsseldorf
Bearbeitung von Leichtmetallen
1964. 39 Seiten, 22 Abb., 5 Tabellen. DM 26,50

HEFT 1419
Prof. Dr. phil. Adolf Rose, Dr.-Ing. Hans Paul Hougardy und Dr.-Ing. Albert Klein, Max-Planck-Institut für Eisenforschung, Düsseldorf
Der Einfluß der Unterkühlung auf die Kristallisationsformen von voreutektoidisch ausgeschiedenen Phasen und von eutektoidischen Phasengemengen
1964. 83 Seiten, 51 Abb., 4 Tabellen. DM 47,50

HEFT 1420
Prof. Dr. phil. Erich Scheil† und Dr. rer. nat. Hans Leo Lukas, im Auftrage des Vereins Deutscher Gießereifachleute, Düsseldorf
Messung des Dampfdruckes von magnesiumhaltigen Gußeisenschmelzen
1964. 19 Seiten, 8 Abb. DM 12,—

HEFT 1428
Prof. Dr.-Ing. Max Vater, Dipl.-Ing. Gerhard Nebe und Dipl.-Ing. Ansgar Schütza, Institut für Bildsame Formgebung der Rhein.-Westf. Technischen Hochschule Aachen
Mechanische Entzunderung von Blechen und Bändern
1965. 104 Seiten, 124 Abb., 6 Tabellen. DM 66,80

HEFT 1447
Dr. phil. Wolfgang Wepner, Max Planck-Institut für Eisenforschung, Düsseldorf
Restwiderstandsmessungen an reinem Eisen
1964. 23 Seiten, 5 Abb., 2 Tabellen. DM 12,50

HEFT 1448
Dr. rer. nat. Ralf Damm und Dr. rer. nat. Ernst Wachtel, Max-Planck-Institut für Metallforschung, Stuttgart, im Auftrage des Vereins Deutscher Gießereifachleute, Düsseldorf
Magnetische Messungen und kinetische Versuche an flüssigen Wismut–Mangan-Legierungen
1965. 25 Seiten, 9 Abb. DM 12,80

HEFT 1474
Prof. Dr.-Ing. Max Vater, Dipl.-Ing. Gerhard Nebe und Dipl.-Ing. Ansgar Schütza, Institut für Bildsame Formgebung der Rhein.-Westf. Technischen Hochschule Aachen
Beitrag zur mechanischen Entzunderung von Draht
1965. 35 Seiten, 19 Abb. DM 19,80

HEFT 1482
Prof. Dr. Theo Heumann und Richard Schürmann, Institut für Metallforschung der Universität Münster
Über die Beeinflussung der Passivierbarkeit aktiver Metalle durch Zulegieren von Chrom und Nickel
1965. 43 Seiten, 27 Abb. DM 23,50

HEFT 1487
Dr.-Ing. Werner Schwenzfeier und Dr.-Ing. Oskar Pawelski, Max-Planck-Institut für Eisenforschung, Düsseldorf
Glühversuche an Stahldrähten in verschiedenen Ofenatmosphären
1965. 45 Seiten, 34 Abb., 2 Tabellen. DM 25,80

HEFT 1491
Prof. Dr.-Ing. Wilhelm Patterson, Dr.-Ing. Peter Coppetti
Gießerei-Institut der Rhein.-Westf. Technischen Hochschule Aachen
Prof. Dr.-Ing. Dr. h. c. Herwart Opitz
Laboratorium für Werkzeugmaschinen und Betriebslehre der Rhein.-Westf. Technischen Hochschule Aachen
Zerspanbarkeit von Grauguß
1965. 109 Seiten, 54 Abb., 5 Tabellen. 59,50

HEFT 1492
Dr. phil. nat. Max Hempel und Dr. rer. nat. Emil Hillnhagen, Max-Planck-Institut für Eisenforschung, Düsseldorf
Einfluß der Erschmelzungsart auf die Dauerschwingfestigkeit ungekerbter und gekerbter Proben eines Wälzlagerstahles
1965. 63 Seiten, 21 Abb., 12 Tabellen. DM 38,—

HEFT 1495
Prof. Dr.-Ing. Wilhelm Patterson, Dr.-Ing. Helmut Brand und Dipl.-Ing. Heinrich Traßl, Gießerei-Institut der Rhein.-Westf. Technischen Hochschule Aachen
Das Viskositätsverhalten flüssiger Bleilegierungen im Konzentrationsbereich der festen Löslichkeit
1965. 24 Seiten, 9 Abb., 2 Tabellen. DM 13,—

HEFT 1496
Prof. Dr. phil. Karl Löhberg und Dipl.-Ing. Günther Kühl, Institut für Gießereikunde der Technischen Universität Berlin, im Auftrage des Vereins Deutscher Gießereifachleute, Düsseldorf
Einfluß von Magnesium und Cer auf die Viskosität behandelter Gußeisenschmelzen sowie Abbrand des Magnesiums und Änderung des Sauerstoffgehaltes in Abhängigkeit von der Abstehzeit
1965. 26 Seiten, 7 Abb., 5 Tabellen. DM 12,80

HEFT 1502
Prof. Dr.-Ing. Wilhelm Patterson, Dr.-Ing. Walter Koppe und Dr.-Ing. Siegfried Engler, Gießerei-Institut der Rhein.-Westf. Technischen Hochschule Aachen
Untersuchungen zur Erstarrung und Speisung von Gußeisen
1965. 96 Seiten, 51 Abb., 3 Tabellen. DM 52,80

HEFT 1503
Prof. Dr.-Ing. Max Vater, Dipl.-Ing. Gerhard Nebe und Dipl.-Ing. Ansgar Schütza, Institut für Bildsame Formgebung der Rhein.-Westf. Technischen Hochschule Aachen
Beitrag zur Prüfung metallischer Strahlmittel
1965. 77 Seiten, 69 Abb., 11 Tabellen. DM 49,—

HEFT 1534
Prof. Dr. phil. Adolf Rose, Max-Planck-Institut für Eisenforschung, Düsseldorf
Schweißbarkeit und Umwandlungsverhalten der Stähle
1965. 57 Seiten, 20 Abb., 5 Tabellen. DM 39,—

HEFT 1552
Fachausschuß Stahlguß im Verein Deutscher Gießereifachleute, Düsseldorf
Einfluß der Oberflächenbeschaffenheit auf die Dauerfestigkeit von Stahlguß
1965. 38 Seiten, zahlr. Abb. und Tabellen. DM 24,80

HEFT 1571
Dr. phil. Heinz Kudielka und M. Sc. Teruo Yukitoshi, Max-Planck-Institut für Eisenforschung, Düsseldorf
Röntgenfluoreszenz-Untersuchungen an kleinen Feststoff-Oberflächen und konzentrierten Salzlösungen
1965. 48 Seiten, 24 Abb., 13 Tabellen. DM 29,50

HEFT 1578
Prof. Dr.-Ing. Franz Bollenrath und Dipl.-Ing. Hugo Feldmann, Institut für Werkstoffkunde der Rhein.-Westf. Technischen Hochschule Aachen
Einfluß der Verformung und Temperatur auf mechanische Eigenschaften von unlegiertem Titan

HEFT 1580
Prof. Dr.-Ing. Hermann Schenck und Dr.-Ing. Franz Neumann, Institut für Eisenhüttenwesen und Gießerei-Institut der Rhein-Westf. Hochschule Aachen
Über den Einfluß von Zusatzelementen auf das Verhalten des Kohlenstoffs in flüssigen Eisenlegierungen und die Beziehung zu ihrer Stellung im Periodischen System *In Vorbereitung*

HEFT 1589
Prof. Dr.-Ing. Dr.-Ing. E. h. Hermann Schenck, Aachen, Prof. Dr.-Ing. habil. Mathias Nacken, Aachen, Dr.-Ing. Ernst Potthast, Völklingen, und Dipl.-Phys. Edith Butenuth, Aachen.
Institut für Eisenhüttenwesen der Rhein.-Westf. Technischen Hochschule Aachen
Untersuchungen über die Existenzbereiche der Eisenkarbide mit Hilfe der Elektronenmikroskopie und Elektronenbeugung *In Vorbereitung*

HEFT 1591
Prof. Dr.-Ing. Wilhelm Patterson und Dr.-Ing. Siegfried Engler, Gießerei-Institut der Rhein.-Westf. Technischen Hochschule Aachen
Volumendefizit und Lunkerung bei der Erstarrung von Metallen

HEFT 1592
Prof. Dr.-Ing. habil. Dr. h. c. Max Fink und Dr.-Ing. Alfred E. Steinegger, Institut für Fördertechnik und Schienenfahrzeuge der Rhein.-Westf. Technischen Hochschule Aachen.
Direktor: Prof. Dr.-Ing. habil. Dr. h. c. Max Fink und Forschungsinstitut der Gesellschaft zur Förderung der Glimmentladungsforschung e. V., Köln.
Direktor: Prof. Dr. Martin Schmeisser
Die Erscheinung der Reiboxydation an ionitrierten Stahloberflächen
1965. 83 Seiten, 10 Abb., 16 Tabellen, 15 Tafeln. DM 49,50

HEFT 1615
Prof. Dr.-Ing. Wilhelm Patterson und Dr.-Ing. Siegfried Engler, Gießerei-Institut der Rhein.-Westf. Technischen Hochschule Aachen
Die »gerichtete Erstarrung« als Voraussetzung zur Herstellung dichter Gußstücke *In Vorbereitung*

HEFT 1617
Dr.-Ing. Alfred F. Steinegger und Dipl.-Ing. Josef Kläusler, Forschungsinstitut der Gesellschaft zur Förderung der Glimmentladungsforschung e. V., Köln
Direktor: Prof. Dr. Martin Schmeißer
Untersuchung der Notlaufeigenschaften innitrierter Laufflächen bei gleitender Reibung
In Vorbereitung

HEFT 1622
Prof. Dr.-Ing. Wilhelm Patterson, Prof. Dr.-Ing. Hermann Schenck und Dr.-Ing. Franz Neumann Gießerei-Institut der Rhein.-Westf. Technischen Hochschule Aachen und Institut für Eisenhüttenwesen der Rhein.-Westf. Technischen Hochschule Aachen
Einfluß der Eisenbegleiter auf Kohlenstofflöslichkeit, Kohlenstoffaktivität und Sättigungsgrad im Gußeisen *In Vorbereitung*

HEFT 1626

Prof. Dr.-Ing. Dr.-Ing. E. h. Hermann Schenck, Dozent Dr.-Ing. Werner Wenzel, Dr.-Ing. B. R. Rajasekhar und Dipl.-Phys. Franz Rudolf Block, Institut für Eisenhüttenwesen der Rhein.-Westf. Technischen Hochschule Aachen

Das metallurgische und elektrische Verhalten von Koks, insbesondere von Erzkoks, unter den realen Bedingungen des elektrischen Niederschachtofens

In Vorbereitung

HEFT 1627

Prof. Dr.-Ing. Dr.-Ing. E. h. Hermann Schenck, Dozent Dr.-Ing. Werner Wenzel und Dr.-Ing. Karl-Heinz Kleemann, Institut für Eisenhüttenwesen der Rhein.-Westf. Technischen Hochschule Aachen

Entzinkung von Gichtstaub im Schmelzsyklon

In Vorbereitung

HEFT 1628

Prof. Dr.-Ing. Wilhelm Patterson und Dr.-Ing. Wolfgang Standke, Gießerei-Institut der Rhein.-Westf. Technischen Hochschule Aachen, in Zusammenarbeit mit dem Verein Deutscher Gießereifachleute, Düsseldorf

Einfluß der Einsatzstoffe, der Schmelzführung im Induktionsofen und der Impfbehandlung auf das Gefüge und die mechanischen Eigenschaften von Gußeisen mit Lamellengraphit *In Vorbereitung*

HEFT 1629

Dr.-Ing. Franz Neumann, Prof. Dr.-Ing. Wilhelm Patterson und Dipl.-Ing. Dieter Albrecht, Gießerei-Institut der Rhein.-Westf. Technischen Hochschule Aachen

Gleichgewichtsuntersuchungen über den gemeinsamen Einfluß von Mangan und Schwefel auf das physikalisch-chemische Verhalten des im flüssigen Eisen gelösten Kohlenstoffs im Bereich der Kohlenstoffsättigung *In Vorbereitung*

HEFT 1630

Prof. Dr.-Ing. Helmut Winterhager, Dr.-Ing. Lothar Greiner und Dr.-Ing. Roland Kammel, Institut für Metallhüttenwesen und Elektrometallurgie der Rhein.-Westf. Technischen Hochschule Aachen

Untersuchungen über die Dichte und die elektrische Leitfähigkeit von Schmelzen der Systeme $CaO—Al_2O_3—SiO_2$ und $CaO—MgO—Al_2O_3—SiO_2$ *In Vorbereitung*

HEFT 1659

Prof. Dr.-Ing. Wilhelm Patterson und Dr.-Ing. Dietmar Boenisch, Gießerei-Institut der Rhein.-Westf. Technischen Hochschule Aachen

Die Wasserbindung an Tonen und ihre Bedeutung für die Fertigkeit des Gießereiformsandes

In Vorbereitung

HEFT 1695

Dr. rer. nat. Dietrich Meinhardt, Max-Planck-Institut für Eisenforschung, Düsseldorf

Strukturbestimmung durch Kernstreuung und magnetische Streuung thermischer Neutronen

In Vorbereitung

Verzeichnisse der Forschungsberichte aus folgenden Gebieten können beim Verlag angefordert werden:

Acetylen/Schweißtechnik – Arbeitswissenschaft – Bau/Steine/Erden – Bergbau – Biologie – Chemie – Eisenverarbeitende Industrie – Elektrotechnik/Optik – Energiewirtschaft – Fahrzeugbau/Gasmotoren – Druck/Farbe/Papier/Photographie – Fertigung – Funktechnik/Astronomie – Gaswirtschaft – Holzbearbeitung – Hüttenwesen/Werkstoffkunde – Kunststoffe – Luftfahrt/Flugwissenschaften – Luftreinhaltung – Maschinenbau – Mathematik – Medizin/Pharmakologie/NE-Metalle – Physik – Rationalisierung – Schall/Ultraschall – Schiffahrt – Textilforschung – Turbinen – Verkehr – Wirtschaftswissenschaften.

WESTDEUTSCHER VERLAG · KÖLN UND OPLADEN
567 Opladen/Rhld., Ophovener Straße 1–3

GPSR Compliance

The European Union's (EU) General Product Safety Regulation (GPSR) is a set of rules that requires consumer products to be safe and our obligations to ensure this.

If you have any concerns about our products, you can contact us on ProductSafety@springernature.com

In case Publisher is established outside the EU, the EU authorized representative is:

Springer Nature Customer Service Center GmbH
Europaplatz 3
69115 Heidelberg, Germany

Batch number: 10584556

Printed by Printforce, the Netherlands